计算机基础教学的现状和发展趋势研究

赵晓霞　著

北　京
冶 金 工 业 出 版 社
2019

内 容 提 要

本书针对计算机的出现，以计算机相关产业对人们影响越来越大为出发点，阐述了计算机基础教学的重要性。全书共分为 5 章。第 1 章计算机基础教学的出现，阐述了计算机出现的历史背景及计算机专业的设置，以及计算机基础教学的必要性；第 2 章计算机基础教学的发展，阐述了随着计算机的发展，计算机基础教学为了适应人们对计算机基础知识的掌握，其教学内容及教学方法也随之发生改变；第 3 章计算机基础教学现状，从计算机诞生到现在，计算机已渗透到人们生活的各个领域，计算机基础教学随着时代的变迁，发生了巨大变化；第 4 章计算机基础教学的发展趋势，为了适应计算机时代的进一步发展，更新目前计算机基础教学的教学内容、教学方法及教学理念；第 5 章总结，总结全书的主要内容，对计算机基础教学的发展趋势提出更高的期望。

本书可供高校爱好计算机及大学计算机基础教学的教师阅读，也可供高校非计算机专业的学生作为参考书使用。

图书在版编目(CIP)数据

计算机基础教学的现状和发展趋势研究/赵晓霞著．—北京：冶金工业出版社，2019.5
ISBN 978-7-5024-8101-8

Ⅰ.①计… Ⅱ.①赵… Ⅲ.①电子计算机—教学研究—高等学校 Ⅳ.①TP3-42

中国版本图书馆 CIP 数据核字(2019)第 084608 号

出 版 人 谭学余
地　　址 北京市东城区嵩祝院北巷 39 号 邮编 100009 电话 (010)64027926
网　　址 www.cnmip.com.cn 电子信箱 yjcbs@cnmip.com.cn
责任编辑 夏小雪 美术编辑 吕欣童 版式设计 孙跃红
责任校对 李 娜 责任印制 李玉山
ISBN 978-7-5024-8101-8
冶金工业出版社出版发行；各地新华书店经销；三河市双峰印刷装订有限公司印刷
2019 年 5 月第 1 版，2019 年 5 月第 1 次印刷
169mm×239mm；10.5 印张；202 千字；157 页
49.00 元

冶金工业出版社 投稿电话 (010)64027932 投稿信箱 tougao@cnmip.com.cn
冶金工业出版社营销中心 电话 (010)64044283 传真 (010)64027893
冶金工业出版社天猫旗舰店 yjgycbs.tmall.com

前　言

第一台计算机在20世纪40年代诞生，到目前已经历了近70年的发展。在这70年间，与计算机相关的产业蓬勃发展，为了适应计算机的发展需求，除计算机专业外的非计算机专业也开设了计算机基础课程，且随着数据库、网络及人工智能等的发展，计算机基础教学也随着进行了改革，以适应社会及本专业的发展需要。

本书以时间线为主轴，阐述了计算机的发展历程，计算机在每个时代有每个时代的特征，计算机基础教学也有每个时代应该达到的教学目标和应完成的教学任务。20世纪80年代，高校大学计算机基础的教学内容主要讲解的是计算机的操作系统及简单的文字处理软件，程序设计语言仅有部分理工科专业才开设，学生毕业时对计算机的基础操作只掌握皮毛，很难与本专业联系起来。20世纪90年代，计算机基础的教学目标已明确，要求两个掌握三个技能，并且对教学体系提出三个层次，即计算机文化基础、计算机信息技术基础及计算机应用基础，分层次教学、案例教学法及网络教学已得到广泛使用。到了21世纪，计算机基础的教学模式确定为科学、系统地构建计算机基础教学的“能力体系—知识体系—课程体系”。主要涉及四个领域，三个层次，一个“$1+X$”课程体系。

目前，随着网络的发展，大数据时代的来临，计算机基础教学将面临新的挑战，慕课、翻转课堂给计算机基础教学带来新的活力，同时也带来了新的问题，如何利用现有的资源使计算机基础教学达到更好的效果，是本书阐述的重点。

本书由牡丹江师范学院计算机与信息技术学院的赵晓霞老师主持

撰写并统稿。本书在编写过程中，参考了大量国内外相关著作、硕博士论文和期刊文献，在此谨对撰写这些文献的同志表示衷心的感谢！本书的出版得到了黑龙江省高等教育教学改革重大委托项目（SJGZ20170016）、黑龙江省教育科学“十三五”规划 2017 年度重点课题（GBB1317133）、牡丹江师范学院教改项目（16-JG18046）和牡丹江师范学院教改项目（18-XJ20050）的资助。

限于本书作者学识有限，疏漏和不当之处在所难免，敬请广大读者批评指正。

著　者

2018 年 12 月

目　录

1 计算机基础教学的出现

在人类科学技术发展史上进展最快、取得最大成绩的世纪是20世纪。在人类发展的长河里，一个世纪的时间只是昙花一现，但恰恰是在20世纪短短的100年间，却涌现了一大批对世界发展进程产生重大影响的科学发现、技术突破及产品发明，这些新技术、新产品包括电视、飞机、核能使用、新抗生素、航天探索、相对论、基因科学、量子力学等。但在这些新技术、新产品中对人类生活的各个方面帮助最大、影响最深远的，毫无疑问的就是计算机了。

1.1 计算机的诞生

人类的发展史也是科学技术的发展史，人类的科技发展史按出现的先后及其代表性科技，可分为四次工业革命，第一次工业革命是由蒸汽机引发的机械与工厂化生产的革命，第二次工业革命是由电力及电动机引发的极大提高生产效率的电力革命，第三次工业革命是由计算机发明后，所激起的资讯爆炸的信息技术革命，第四次工业革命是以人工智能、清洁能源、机器人技术、量子信息技术、虚拟现实以及生物技术为主的技术革命。

在科技界，公认计算机在人类科技史上的地位，堪比几万年前工具在人类进化和文明中所占的地位。如果说工具是人类手脚的延伸，那么计算机就是人类大脑的延伸。正是发明和使用了工具，我们祖先才开始了与动物分道扬镳的文明进程，人类才得以一步步走向文明社会。而计算机的诞生及其引发的信息技术革命，引领了科技以前所未有的速度向前发展，生产方式发生了颠覆式的改革，人类经济、文化、社会生活等诸多方面取得了翻天覆地的变化，创造了当今社会的繁荣昌盛。

1.1.1 电子计算机出现之前的计算工具发展

在人类发展史上，出于对计算的需求，人类发明了各种各样的计算工具。在计算机诞生之前，使用范围最广、使用时间最长的计算工具是算盘。算盘是中国人在公元前2世纪发明的，并且在之后的两千多年里被世界广泛使用。从17世纪开始，随着科技的发展，各种各样的计算工具被各国精英陆续发明创造，随着这些计算工具的发展，为电子计算机的发明创造提供了理论和逻辑基础。

1623 年，德国科学家契克卡德开创先河地制造了人类史上第一台机械计算机，这台计算机能够进行六位数的加减乘除四则运算。第一台机械计算机如图 1-1 所示。

1642 年，法国科学家帕斯卡发明了著名的帕斯卡机械计算机，并首次确立了计算器的概念。计算器如图 1-2 所示。

图 1-1　机械计算机

图 1-2　计算器

1674 年，莱布尼茨对帕斯卡的计算机进行了改进，使之成为一种能够进行连续运算的机器，并且历史性地提出了“二进制”数的概念。莱布尼茨改进后的计算机如图 1-3 所示。

1725 年，法国纺织机械师布乔提出了“穿孔纸带”的构想。1805 年，法国机械师杰卡德根据布乔“穿孔纸带”的构想完成了“自动提花编织机”的设计制作。这一设计思维对电子计算机的设计产生了深远的影响，在后来电子计算机发展的最初始阶段，在多款著名计算机中均能找到自动提花机的身影。自动提花机如图 1-4 所示。

图 1-3　莱布尼茨改进后的计算机

图 1-4　自动提花机

1822 年，英国科学家巴贝奇制造出了第一台差分机，它可以处理 3 个不同的

5 位数，计算精度达到 6 位小数。巴贝奇差分机如图 1-5 所示。

1847 年，英国数学家布尔发表著作《逻辑的数学分析》。1854 年，布尔又发表了《思维规律的研究——逻辑与概率的数学理论基础》。同时，布尔综合了自己的这两篇著作创立了一门全新的学科——布尔代数。布尔代数的创立，为开关电路设计提供了重要的数学方法，也为百年后出现的数字计算机提供了理论基础。

1868 年，美国新闻工作者克里斯托夫·肖尔斯（C. Sholes）发明了 QWERTY 键盘，该键盘一直沿用至今。QWERTY 键盘如图 1-6 所示。

图 1-5 巴贝奇差分机

图 1-6 QWERTY 键盘

1873 年，美国人鲍德温利在自己过去发明的齿数可变齿轮基础上制造了第一台手摇式计算机。

1890 年，美国在第 12 次人口普查中使用了由统计学家霍列瑞斯博士发明的制表机，从而完成了人类历史上第一次大规模数据处理。此后霍列瑞斯根据自己的发明成立了自己的制表机公司，并最终演变成为 IBM 公司。第一台手摇式计算机如图 1-7 所示。

1893 年，德国人施泰格尔研制成功一种名为“大富豪”的计算机，该计算机是在鲍德温利发明的手摇式计算机的基础上改进而来。由于该计算机拥有良好的运算速度和可靠性，从而迅速占领了当时的市场。直到 1914 年第一次世界大战爆发之前，这种“大富豪”计算机一直畅销不衰。

1895 年，英国青年工程师弗莱明通过“爱迪生效应”发明了人类历史上第一只电子管。

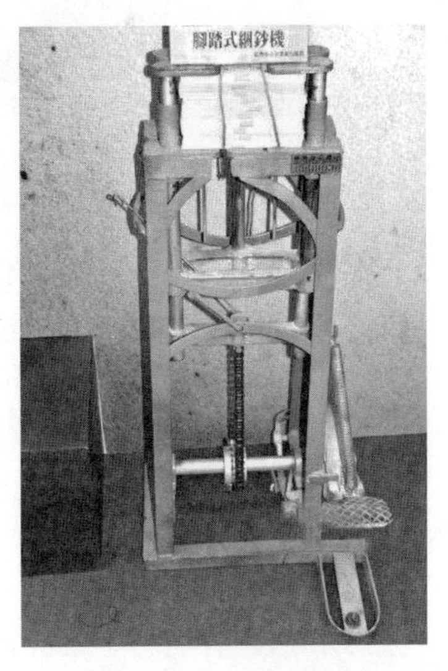

图 1-7 第一台手摇式计算机

1.1.2 计算机诞生的历史背景

到了20世纪，出现了一位影响计算机诞生的至关重要的科学家——图灵。1934年，从剑桥大学毕业年仅22岁的图灵，来到美国普林斯顿大学攻读博士学位。1936年，24岁的图灵发表了一篇重要论文“论可计算数及其在判定问题上的应用”。这是一篇极富开创性的论文，在这篇论文中，图灵首次提出了“图灵机”概念。

图灵机不是一台具体的机器，而是一种运算模型。根据这种模型，可以制造出一种十分简单但运算能力却极强的机械装置。这种机械装置可以用来计算所有能想象得到的可计算函数。图灵机是阐明现代计算机原理的开山之作，它的出现奠定了现代计算机科学的理论基础，为现代计算机的研制打下了理论基础。图灵机如图1-8所示。

图1-8 图灵机

第二次世界大战中，美国作为同盟国的一员，参加了战争。战争中美国陆军要求宾夕法尼亚大学莫尔学院电工系和阿伯丁弹道研究实验室，每天共同提供六张火力表。每张表都要计算出几百条弹道，这是一项既繁重又紧迫的工作。使用台式计算器计算一道飞行时间为60秒的弹道，最快也得20个小时；使用大型微积分分析仪计算也要15分钟。为完成这项工作，阿伯丁实验室当时聘用了200多名计算能手。但即使这样，一张火力表也往往要算上2～3个月，根本无法满足作战需求。

为了摆脱计算能力不足的被动局面，在短期内迅速研究出一种计算能力更高、计算速度更快的方法和工具成为当务之急。当时领导这项研制工作的是年仅

23 岁的总工程师埃克特。他与多位科学家密切合作，克服了诸多困难，通过多方努力，历经两年多，终于在 1945 年年底，成功制造了世界第一台电子计算机 ENIAC。ENIAC 使用了 18000 个电子管，1500 多个继电器，耗电 150 千瓦，占地达 170 平方米，重 30 吨，运算速度为每秒钟 5000 次。作为世界上第一台电子计算机，ENIAC 只有硬件没有软件。在每一次运算进行前，都需根据运算要求把不同的元件用人工插接线路的方式连接在一起，再将输入装置和输出装置设好后，才能进行通电开始运算。ENIAC 的一角如图 1-9 所示。

图 1-9 ENIAC 的一角

ENIAC 的功能是对各种数值进行计算，获得更加准确的计算数值。它主要用于计算弹道曲线，预测炮弹打击到位需要的燃料，计算项目完成需要多少投入等。因为 ENIAC 没有设计储存程式的功能，因此该计算机仅有内涵固定用途的程式。计算机的计算器仅有固定的数学计算程式，除此之外便无其他功能，无论是文书处理或玩游戏等其他功能均不能实现。若想要改变这台机器的程式，必须更改线路、结构等硬件设备，甚至于重新设计机器。这种缺陷严重阻碍了 ENIAC 计算机的拓展应用。

1.1.3 冯·诺依曼体系结构与现代计算机

1946 年，美籍匈牙利数学家冯·诺依曼提出存储程序原理。该原理是把程序本身当作数据来对待，程序和该程序处理的数据采用同样的方式储存。冯·诺依曼体系结构的要点是计算机的数制采用二进制，计算机应该按照程序顺序执行。人们把冯·诺依曼的这个理论称为冯·诺依曼体系结构。

（1）冯·诺依曼体系结构。

1）采用存储程序方式。指令和数据混合存储在同一个存储器中，存储时均作为数据处理不加区别，它们在存储器中是没有区别的。它们都作为数据存储在内存中，当 EIP 指针指向哪，CPU 就加载相应内存中的数据，如果是不正确的指令格式，CPU 就会发生错误中断。在现在 CPU 的保护模式中，每个内存段都有其描述符，这个描述符记录着这个内存段的访问权限（可读，可写，可执行）。通过描述符变相指定了哪些内存中存储的是指令，哪些内存中存储的是数据。指令和数据都可以送到运算器进行运算，即由指令组成的程序是可以修改的。

2）存储器是按地址访问的线性编址的一维结构，每个单元的位数是固定的。

3）指令由操作码和地址组成。操作码指明本指令的操作类型，地址码指明操作数和地址。操作数本身无数据类型的标志，它的数据类型由操作码确定。

4）通过执行指令直接发出控制信号控制计算机的操作。指令在存储器中按其执行顺序存放，由指令计数器指明要执行的指令所在的单元地址。指令计数器只有一个，一般按顺序递增，但执行顺序可按运算结果或当时的外界条件而改变。

5）以运算器为中心，I/O 设备与存储器间的数据传送都要经过运算器。

6）数据采用二进制表示。

冯·诺依曼体系结构如图 1-10 所示。

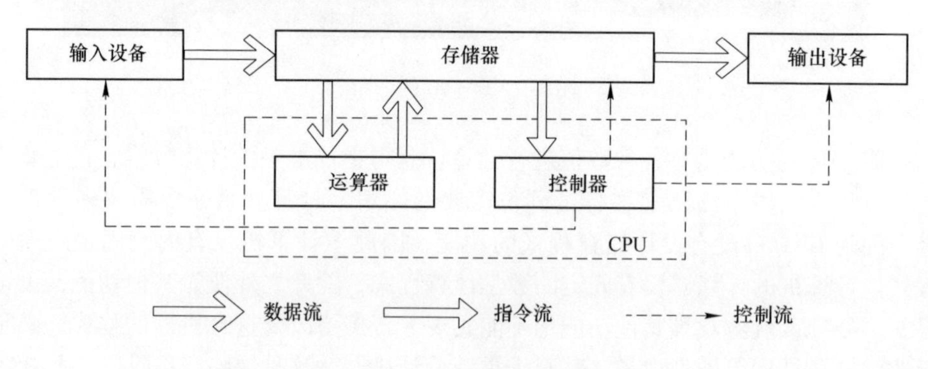

图 1-10 冯·诺依曼体系结构

（2）冯·诺依曼体系结构特点。

1）计算机处理的数据和指令一律用二进制数表示。

2）顺序执行程序。计算机运行过程中，首先把要执行的程序和处理的数据存入主存储器（内存）。计算机执行程序时，将自动按顺序从主存储器中取出指令一条一条地执行，这一概念称作顺序执行程序。

3）计算机硬件由运算器、控制器、存储器、输入设备和输出设备五大部分组成。

（3）冯·诺依曼体系结构作用。冯·诺依曼体系结构是现代计算机的基础，现在大多计算机仍采用冯·诺依曼计算机的组织结构，只是作了一些改进，并没有从根本上突破冯·诺依曼体系结构的束缚。冯·诺依曼也因此被人们称为“计算机之父”。

根据冯·诺依曼体系结构构成的计算机，必须具有的功能：具有把需要的程序和数据送至计算机中；具有长期记忆程序、数据、中间结果及最终运算结果的能力；具有能够完成各种算术、逻辑运算和数据传送等数据加工处理的能力；具有能够根据需要控制程序走向，并能根据指令控制机器运行的能力。1950 年，依据冯·诺依曼体系结构设计并制造出了第一台并行计算机 EDVAC。EDVAC 实现了计算机之父“冯·诺依曼”的两个设想，即采用二进制和存储程序。冯·诺依曼与 EDVAC 如图 1-11 所示。

图 1-11 冯·诺依曼与 EDVAC

1.1.4 计算机的发展历程

1945 年，世界上出现了第一台电子计算机“ENIAC”，用于计算弹道。它是由美国宾夕法尼亚大学莫尔电工学院制造的，但它的体积庞大，占地面积 170 多平方米，重量约 30 吨，消耗近 150 千瓦的电力。显然，这样的计算机成本很高，使用不便，阻碍了计算机的发展。1956 年，随着晶体管的研制成功，晶体管计算机诞生了，这便是第二代电子计算机。只要几个大一点的柜子就可将它容下，运算速度也大大地提高了。1959 年，随着集成电路的出现，第三代集成电路计算机诞生了。从 20 世纪 70 年代开始，电脑发展进入了最新阶段。到 1976 年，随着大规模集成电路和超大规模集成电路的发展，“克雷一号”被制造成功，使电脑进入了第四代。超大规模集成电路的发明，使电子计算机不断向着小型化、微型化、低功耗、智能化、系统化的方向更新换代。计算机体积、重量、占地面积及功耗不断降低，最重要的是价位也随之降低，使计算机开始走向学校的课堂以及家庭。

（1）第一代电子管计算机。电子管计算机（1946 ~ 1957 年）这一阶段计算机的主要特征是采用电子管元件作基本器件，用光屏管或汞延时。电子管图片如图 1-12 所示。

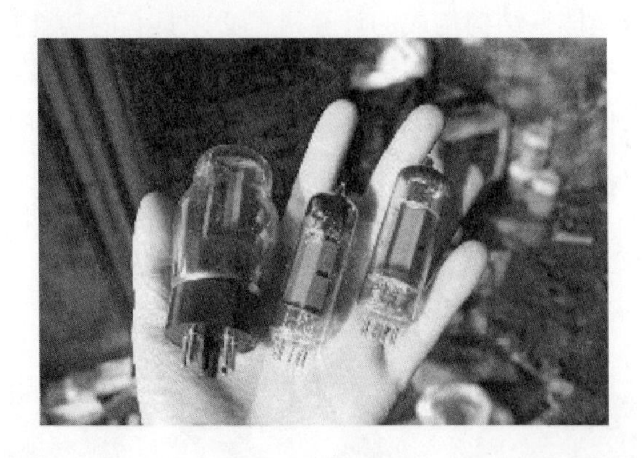

图 1-12 电子管

第一代电子管计算机由电路作存储器，输入与输出主要采用穿孔卡片或纸带，体积大、工耗高、速度慢、存储容量小、可靠性差、维护困难且价格昂贵。在软件上，通常使用机器语言或者汇编语言来编写应用程序。因此这一时代的计算机主要用于科学计算。

这时的计算机的基本线路是采用电子管结构，程序从人工手编的机器指令程序过渡到符号语言，第一代电子计算机是计算工具革命性发展的开始，它所采用的二进位制与程序存储等基本技术思想，奠定了现代电子计算机技术的基础。以冯·诺依曼为代表。

（2）第二代晶体管计算机。在 20 世纪 50 年代之前使用的第一代计算机，都采用电子管元件。电子管元件在运行时产生的大量热量，加之电子管本身故障率较高，导致第一代计算机可靠性较差且运算速度不快，由于其体积庞大、价格昂贵，导致第一代计算机发展受到限制。进入 50 年代后，晶体管研制成功后开始被用来作计算机的元件。晶体管不仅能实现电子管的全部功能，又具有体积小、重量轻、寿命长、效率高、发热少、功耗低等优点。使用晶体管后，电子线路的结构也大大改观，从而具备了制造高速电子计算机的基础条件。

晶体管计算机流行于 20 世纪 50 年代中期，由晶体管代替电子管作为计算机的基础器件，用磁芯或磁鼓作存储器，在整体性能上，比第一代计算机有了很大的提高。1954 年，美国贝尔实验室研制成功第一台使用晶体管线路的计算机，取名 TRADIC，装有 800 个晶体管。TRADIC 图片如图 1-13 所示。同一时期，还相应出现了程序语言，如 Fortran、Cobol、Algo160 等计算机高级语言。晶体管计算机配合程序语言的应用，除用于科学计算外，也开始应用在数据处理、过程控制等方面。

图 1-13 晶体管计算机 TRADIC
（图片来源于 http：//www. maixj. net/ict/jingtiguan-jisuanji-15218）

（3）第三代中小规模集成电路计算机。20 世纪 60 年代中期，随着半导体工艺的发展，集成电路被研制成功。中小规模集成电路成为计算机的主要部件，中小规模集成电路计算机的出现。随着主存储器由磁芯或磁鼓逐渐过渡到半导体存储器，计算机体积进一步缩小，功耗大大降低，由于减少了焊点和接插件，进一步提高了计算机的可靠性。在软件方面，出现了标准化的程序设计语言和人机会话式的 Basic 语言，随着软件的发展，使计算及应用领域也进一步扩大。第一个集成电路计算机及集成电路如图 1-14 所示。中小规模集成电路计算机如图 1-15 所示。

（4）第四代大规模和超大规模集成电路计算机。随着大规模集成电路的研制成功，并被用于计算机硬件的生产，计算机的体积进一步缩小，性能进一步提高，功耗进一步降低。从 20 世纪 70 年代起，大规模和超大规模集成电路计算机开始出现。集成更高的大容量半导体存储器作为内存储器，发展了并行技术和多机系统，出现了精简指令集计算机（RISC），软件系统工程化、理论化，程序设计自动化。微型计算机在社会上的应用范围进一步扩大，几乎所有领域都能看到计算机的“身影”。大规模集成芯片如图 1-16 所示。

（5）第五代新一代计算机。第五代计算机是一种更贴近人的人工智能计算

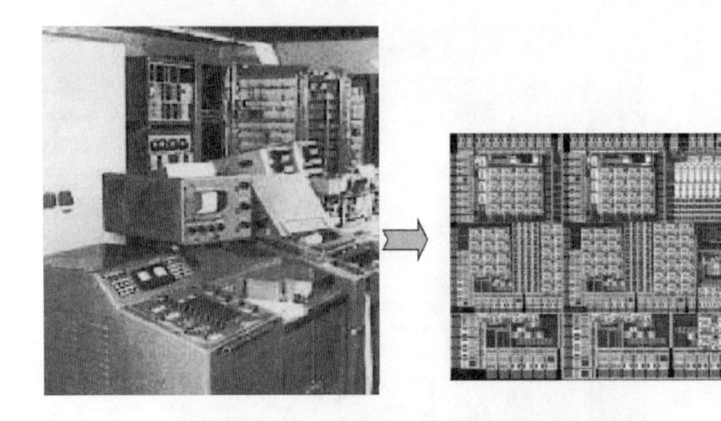

图 1-14 第一个集成电路计算机及集成电路

图 1-15 中小规模集成电路计算机

图 1-16 大规模集成芯片

机。用超大规模集成电路和其他新型物理元件组成，具有推论、联想、智能会话等多种功能，并能直接处理声音、文字、图像等多媒体信息。它能理解人的语言、文字和图像，使用时无需编写程序，靠讲话就能对计算机下达命令，驱使它工作。它能进行数值计算或处理一般的信息，也能面向知识处理，具有形式化推理、联想、学习和解释的能力，能够帮助人们进行判断、决策、开拓未知领域和获得新的知识。人－机之间可以直接通过自然语言（声音、文字）或图形图像交换信息。它能将一种知识信息与有关的知识信息连贯起来，作为对某一知识领域具有渊博知识的专家系统，成为人们从事某方面工作的得力助手和参谋。第五代计算机还是能“思考”的计算机，能帮助人进行推理、判断，具有逻辑思维能力。

1）第五代计算机基本结构。第五代计算机基本结构通常由问题求解与推理、知识库管理和智能化人机接口三个基本子系统组成。

问题求解与推理子系统相当于传统计算机中的中央处理器。与该子系统打交道的程序语言称为核心语言，国际上都以逻辑型语言或函数型语言为基础进行这方面的研究，它是构成第五代计算机系统结构和各种超级软件的基础。

知识库管理子系统相当于传统计算机主存储器、虚拟存储器和文体系统结合。与该子系统打交道的程序语言称为高级查询语言，用于知识的表达、存储、获取和更新等。这个子系统的通用知识库软件是第五代计算机系统基本软件的核心。通用知识库包含有：日用词法、语法、语言字典和基本字库常识的一般知识库；用于描述系统本身技术规范的系统知识库；以及把某一应用领域，如超大规模集成电路设计的技术知识集中在一起的应用知识库。

智能化人－机接口子系统是使人能通过说话、文字、图形和图像等与计算机对话，用人类习惯的各种可能方式交流信息。这里，自然语言是最高级的用户语言，它使非专业人员操作计算机，并为从中获取所需的知识信息提供可能。

2）第五代计算机研究领域。当前第五代计算机的研究领域大体包括人工智能，系统结构，软工程和支援设备，以及对社会的影响等。

人工智能的应用将是未来信息处理的主流，因此，第五代计算机的发展，必将与人工智能、知识工程和专家系统等的研究紧密相联，并为其发展提供新基础。电子计算机的基本工作原理是先将程序存入存储器中，然后按照程序逐次进行运算。这种计算机是由美国物理学家冯·诺依曼首先提出理论和设计思想的，因此又称冯·诺依曼机器。第五代计算机系统结构将突破传统的冯·诺依曼机器的概念。这方面的研究课题应包括逻辑程序设计机、函数机、相关代数机、抽象数据型支援机、数据流机、关系数据库机、分布式数据库系统、分布式信息通信网络等。

3）第五代计算机发展意义。第五代计算机的发展必然引起新一代软件工程的发展，极大地提高软件的生产率和可靠性。为改善软件和软件系统的设计环境，将研制各种智能化的支援系统，包括智能程序设计系统、知识库设计系统、智能超大规模集成电路辅助设计系统以及各种智能应用系统和集成专家系统等。在硬件方面，将出现一系列新技术，如先进的微细加工和封装测试技术、砷化镓器件、约瑟夫森器件、光学器件、光纤通信技术以及智能辅助设计系统等。另外，第五代计算机将推动计算机通信技术发展，促进综合业务数字网络的发展和通信业务的多样化，并使多种多样的通信业务集中于统一的系统之中，有力地促进了社会信息化。

1.2 微型计算机的发展

计算机在20世纪70年代末期开始普及。当时有些专家便预测，计算机将改变我们的日常生活。

1.2.1 苹果Ⅱ型计算机

1977年苹果公司推出苹果Ⅱ型计算机，是世界上第一台个人电脑。苹果Ⅱ配有1MHz 6502微处理器、4KB内存以及用以读取程序及数据的录音带接口，并在ROM中内置Integer BASIC编程语言。其视频控制器能在屏幕上显示24行×40列的大写字母。它使用NTSC混合视频输出，适合在屏幕或接了RF模组的电视机上显示画面。它的最初零售价是1298美元（4KB内存）或2638美元（内存上限可达48KB）。为了反映其彩色图像显示能力，机箱上的苹果图案着上了彩虹条纹，而这个图案随后成为苹果公司的代表图案，直到1998年初为止。苹果Ⅱ以彩色图形为特色并用盒式录音磁带存储信息。它的出现大大改变了那个时代电脑沉重粗笨、难以操作的形象。它具有小巧轻便、操作简便的特点，整机只有5.5千克，仅用10只螺钉组装，塑胶外壳美观大方，看上去就像一部漂亮的打字机。苹果Ⅱ如图1-17所示。

图1-17 苹果Ⅱ

1.2.2 第一台PC

个人计算机（PC）一词源自1981年IBM公司推出的第一台个人电脑5150，IBM将其命名为“个人电脑（Personal Computer）”，不久“个人电脑”的缩写“PC”成了所有个人电脑的代名词，如图1-18所示。

图 1-18 IBM 的第一台个人电脑

1981 年 8 月 12 日，IBM PC 的推出，标志着个人电脑真正走进了人们的工作和生活之中，也标志着一个新时代的开始。当时这台 5150 个人电脑，售价为 2880 美元，采用 Intel 4.77MHz 的 8088 芯片，仅 16KB 内存；采用低分辨率单色或彩色显示器；有可选的盒式磁带驱动器；两个 160KB 单面软盘驱动器，拥有大小写字母的键盘，并配置了微软公司的 MS-DOS 操作系统软件。该产品的推出，一改 IBM 公司以往的作风，而是大量采用了其他公司的产品，包括最主要的 CPU 和操作系统。同时 IBM 公司将 IBM PC 做成一个开放性系统，对外公布其标准，其他厂商可以按照其标准生产能够与 IBM PC 相兼容的配件；其他个人电脑制造商可以依照 IBM 的标准，生产与 IBM 电脑相兼容的电脑。5150 个人电脑的设计抛弃了繁文缛节，脱离了 IBM 正常的工作流程，因而一上市即取得了巨大的成功，上市仅一个月其订单数已达 24 万台。

1.2.3 微处理器的发展

个人计算机也叫微型计算机，它是由硬件系统和软件系统两部分组成，能独立运行，完成特定功能的设备。微型计算机的性能很大一部分取决于其核心部件——微处理器，因此微型计算机的发展也主要是由微处理器的发展来推动。每当一款新型的微处理器出现时，就会带动微机系统的其他部件的相应发展，如微机体系结构的进一步优化，存储器存取容量的不断增大、存取速度的不断提高，外围设备的不断改进以及新设备的不断出现等。下面以微处理器的发展来看一下微型计算机的发展。

（1）微型处理器的第一阶段。微处理器的发展中将 1971 ~ 1973 年的发展定义为第一阶段，该时间段的微处理器是 4 位和 8 位低档微处理器时代，其典型产品是 Intel4004 和 Intel8008 微处理器和分别由它们组成的 MCS-4 和 MCS-8 微机。Intel4004 是一种 4 位微处理器，可进行 4 位二进制的并行运算，它有 45 条指令，速度 0.05MIPs。Intel4004 的功能有限，主要用于计算器、电动打字机、照相机、台秤、电视机等家用电器上，使这些电器设备具有智能化，从而提高它们的性能。Intel8008 是世界上第一种 8 位的微处理器。存储器采用 PMOS 工艺。基本特点是采用 PMOS 工艺，集成度低，系统结构和指令系统都比较简单，主要采用机器语言或简单的汇编语言，指令数目较少，基本指令周期为 20 ~ 50μs，用于简单的控制场合。

（2）微处理器的第二阶段。微处理器的发展中将 1974 ~ 1977 年的发展定义为第二阶段，该阶段是 8 位中高档微处理器时代，其典型产品是 Intel8080/8085、Motorola 公司的 M6800、Zilog 公司的 Z80 等。它们的特点是采用 NMOS 工艺，集成度提高约 4 倍，运算速度提高 10 ~ 15 倍，指令系统比较完善，具有典型的计算机体系结构和中断、DMA 等控制功能。它们均采用 NMOS 工艺，集成度约 9000 只晶体管，平均指令执行时间为 1 ~ 2μs，采用汇编语言、BASIC、Fortran 编程，使用单用户操作系统。

（3）微处理器的第三阶段。微处理器的发展中将 1978 ~ 1984 年定义为第三阶段，该阶段是 16 位微处理器时代，其典型产品是 Intel 公司的 8086/8088，Motorola 公司的 M68000，Zilog 公司的 Z8000 等微处理器。其特点是采用 HMOS 工艺，集成度和运算速度都比第 2 代提高了一个数量级。指令系统更加丰富、完善，采用多级中断、多种寻址方式、段式存储机构、硬件乘除部件，并配置了软件系统。这一时期著名微机产品有 IBM 公司的个人计算机。

（4）微处理器发展第四阶段。微处理器的发展中将 1985 ~ 1992 年定义为第四阶段，该阶段是 32 位微处理器时代。其典型产品是 Intel 公司的 80386/80486，Motorola 公司的 M69030/68040 等。其特点是采用 HMOS 或 CMOS 工艺，集成度高达 100 万个晶体管/片，具有 32 位地址线和 32 位数据总线。每秒钟可完成 600 万条指令。微型计算机的功能已经达到甚至超过超级小型计算机，完全可以胜任多任务、多用户的作业。同期，其他一些微处理器生产厂商（如 AMD、TEXAS 等）也推出了 80386/80486 系列的芯片。

（5）微处理器发展第五阶段。微处理器的发展中将 1993 ~ 2005 年定义为发展的第五阶段，该阶段是奔腾系列微处理器时代。典型产品是 Intel 公司的奔腾系列芯片及与之兼容的 AMD 的 K6 系列微处理器芯片。内部采用了超标量指令流水线结构，并具有相互独立的指令和数据高速缓存。随着 MMX 微处理器的出现，使微机的发展在网络化、多媒体化和智能化等方面跨上了更高的台阶。

（6）微处理器发展第六阶段。微处理器的发展中将 2005 年至今定义为酷睿（Core）系列微处理器时代，是微处理器发展的第六阶段。“酷睿”是一款领先节能的新型微架构，设计的出发点是提供卓然出众的性能和能效，提高每瓦特性能，也就是所谓的能效比。早期的酷睿是基于笔记本处理器的。酷睿 2 的英文名称为 Core2Duo，是英特尔在 2006 年推出的新一代基于 Core 微架构的产品体系统称，于2006年7月27日发布。酷睿2是一个跨平台的构架体系，包括服务器版、桌面版、移动版三大领域。其中，服务器版的开发代号为Woodcrest，桌面版的开发代号为Conroe，移动版的开发代号为Merom。

1.3 计算机语言的发展

计算机语言是用于人与计算机之间通讯的语言。计算机语言是实现人与计算机之间传递信息的媒介。计算机系统是通过执行指令进行工作的，如何将人类想要实现的功能变成指令传递给计算机，靠的就是计算机语言，只有通过计算机语言，才能够让计算机接收人的指令，实现人类需要的目的。计算机语言，就是一套用以编写计算机程序的数字、字符和语法规划，由这些字符和语法规则组成计算机各种指令（或各种语句），从而使计算机按照人的思维去进行工作。

1.3.1 计算机语言的出现

20世纪40年代当计算机刚刚问世的时候，程序员必须手动控制计算机。当时的计算机十分昂贵，没有计算机软件使计算机自动运行。不久后，计算机的价格大幅度下跌，相应的计算机程序也越来越复杂。随着C、Pascal、Fortran等结构化高级语言的诞生，使程序员可以离开机器层次，在更抽象的层次上表达意图。由此诞生的三种重要控制结构，顺序、选择和循环结构以及一些基本数据类型，使程序员可以接近问题本质去思考和描述问题。

1.3.2 计算机语言的分类

计算机语言的种类非常的多，总的来说可以分成机器语言、汇编语言和高级语言三大类。

（1）机器语言。机器语言是第一代计算机语言。机器语言是指一台计算机全部的指令集合。计算机所使用的是由“0”和“1”组成的二进制数，二进制是计算机的语言基础。计算机发明之初，人们只能用计算机的语言去命令计算机，想要让计算机工作，就得写出一串串由“0”和“1”组成的指令序列交由计算机执行，这种计算机能够认识的语言，就是机器语言。由大量的“0”“1”代码构成的机器语言程序，无论是在编写程序还是在修改程序，程序员的工作量都是相当大，机器语言最大的弊端是不具有通用性，当程序员花费了大量精力编好的程序，放到其他型号的计算机上时，会出现不识别的问题。因此，在一台计算机上执行的程序，要想在另一台计算机上执行，必须另编程序，造成了重复工作。但由于使用的是针对特定型号计算机的语言，故而运算效率是所有语言中最高的。

（2）汇编语言。为了减轻使用机器语言编程的痛苦，人们进行了一种有益的改进：用一些简洁的英文字母、符号串来替代一个特定的指令的二进制串，比如，用“ADD”代表加法，“MOV”代表数据传递等，这样一来，人们很容易读懂并理解程序在干什么，纠错及维护都变得方便了，这种程序设计语言就称为汇编语言，即第二代计算机语言。然而计算机是不认识这些符号的，这就需要一个专门的程序，专门负责将这些符号翻译成二进制数的机器语言，这种翻译程序被称为汇编程序。

汇编语言同样十分依赖于机器硬件，移植性不好，但效率仍十分高，针对计算机特定硬件而编制的汇编语言程序，能准确发挥计算机硬件的功能和特长，程序精炼而质量高，所以至今仍是一种常用而强有力的软件开发工具。

（3）高级语言。高级语言是目前绝大多数编程者的选择，与汇编语言相比，它不但将许多相关的机器指令合成为单条指令，并且去掉了与具体操作有关但与完成工作无关的细节，这样就大大简化了程序中的指令。同时，由于省略了很多细节，编程者也就不需要有太多的专业知识。

1.4 微型计算机操作系统的发展

伴随着大规模集成电路的发展，引领个人计算机时代到来。各种类型的个人计算机的出现和应用软件的大规模发展，需要有专门的程序对计算机所有硬件、软件进行管理和控制，操作系统就是用来执行这一功能的特殊程序。因为操作系统直接对硬件及应用软件进行管理，因此操作系统的性能直接决定了整个计算机系统的性能。操作系统的重要性如图 1-19 所示。

图 1-19 操作系统的重要性

从图 1-19 中可以看到，操作系统是计算机硬件与其他软件的接口，是用户和计算机的接口。

1.4.1 操作系统的功能

（1）处理器管理。处理器是完成运算和控制的设备。在多个程序同时运行时，每个程序都需要使用处理器，而计算机中一般只有一个处理器，这时就需要操作系统安排好处理器的使用权。也就是说，由操作系统来分配在哪个时刻处理器由哪个程序来使用，这就是操作系统的处理器管理功能。

（2）存储管理。计算机的存储器由成千上万个存储单元组成，每个存储单元中都存放着程序和数据。哪个程序存放在哪个存储单元，哪个数据存放在哪个存储单元，都是由操作系统来统一安排与管理的，这就是操作系统的存储管理功能。

（3）设备管理。计算机系统往往配有各种各样的外部设备，来实现人与计算机之间的交流。由操作系统来对这些设备进行统一管理，并自动处理计算机内存与外部设备间的数据传递，从而减轻用户为这些设备设计输入输出程序的负担。这就是操作系统的设备管理功能。

（4）作业管理。作业是指独立的、要求计算机完成的一个任务。操作系统的作业管理功能包括两点：一是在多道程序运行 IC 现货商时，使得备用户合理地共享计算机系统资源；二是提供给操作人员一套控制命令用来控制程序的运行。

（5）文件管理。计算机系统中的程序或数据都要存放在相应存储介质上。为了便于管理，操作系统将相关的信息集中在一起，称为文件。操作系统的文件管理功能就是负责这些文件的存储、检索、更新、保护和共享。

1.4.2 微型计算机操作系统的历史

（1）CP/M 操作系统。1973 年 GaryKildall 看到对个人计算机操作系统的需求，设计了 CP/M 操作系统，CP/M 操作系统有较好的层次结构。它的 BIOS 把操作系统的其他模块与硬件配置分隔开，所以它的可移植性好，具有较好的可适应性和易学易用性。到了 1981 年，CP/M 操作系统成为世界上流行最广的 8 位操作系统之一。

（2）PC-DOS 操作系统。1980 年 IBM 公司在推出 IBM PC 前，准备使用 CP/M 操作系统，但由于双方洽谈的不顺利，没有最终确定使用 CP/M 操作系统。此时微软找到 IBM 公司，达成由微软为 IBM 公司提供操作系统的协议。IBM 在 1981 年推出了个人计算机，同时宣布了使用与微软公司共同开发的 PC-DOS 操作系统。随着 IBMPC 和 MSDOS 普及，CP/M 逐渐走向下坡路。从 1981 年的 1.0 版到 1998 年在 Windows95/98 之下的 7.0 版，MSDOS 历经了 16 个年头，迄今仍有 MS-DOS 爱好者继续开发各种 DOS 软件产品。

（3）Windows 操作系统。1983 年 11 月 10 日比尔 · 盖茨宣布推出 Windows 操作系统。直到 1985 年 11 月 20 日 Windows 1.0 才正式上市，1992 年 4 月推出 Windows 3.1，1993 年 5 月发表 Windows NT，随后陆续推出了 Windows95、WindowsCE、Windows98、Windows2000、WindowsXP、Windows7、Windows8、Windows10 等版本。截至目前，个人计算机采用 Windows 操作系统的占其总数的 90% 以上，微软公司成了垄断 PC 行业操作系统的同义词。Windows 各个版本的窗口界面如图 1-20 所示。

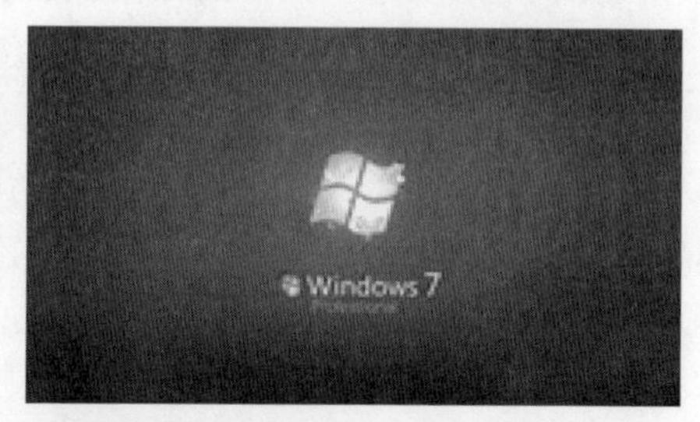

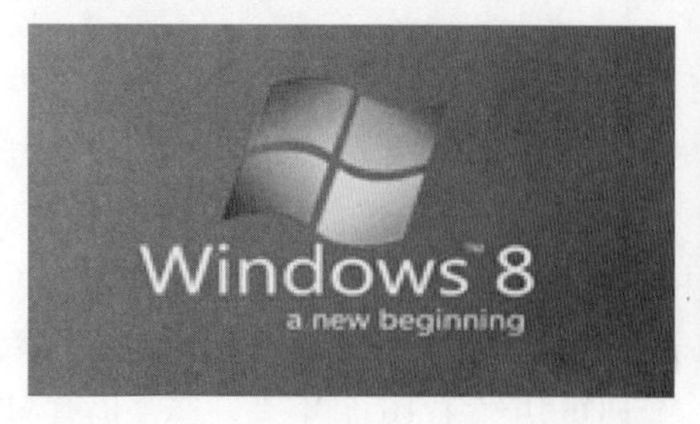

图 1-20 Windows 各个版本的窗口

1.5 计算机在中国的发展

1956 年，周恩来亲自提议、主持、制定我国《十二年科学技术发展规划》，选定了“计算机、电子学、半导体、自动化”作为“发展规划”的四项紧急措施，并制定了计算机科研、生产、教育发展计划。我国计算机事业由此起步。

1956 年 3 月，由闵乃大教授、胡世华教授、徐献瑜教授、张效祥教授、吴几康副研究员和北大的党政人员组成的代表团，参加了在莫斯科主办的“计算技术发展道路”国际会议。这次参会可以说是到前苏联“取经”，为我国制定 12 年规划的计算机部分作技术准备。1956 年 8 月 25 日，我国第一个计算技术研究机构——中国科学院计算技术研究所筹备委员会成立，著名数学家华罗庚任主任。这就是我国计算技术研究机构的摇篮。1958 年，夏培肃完成了第一台电子计算机运算器和控制器的设计工作，同时编写了中国第一本电子计算机原理讲义。

1.5.1 计算机在中国的发展历程

（1）第一代电子管计算机研制。我国从 1957 年在中科院计算所开始研制通用数字电子计算机，1958 年 8 月 1 日该机可以表演短程序运行，标志着我国第一台电子数字计算机诞生。机器在 738 厂开始少量生产，命名为 103 型计算机（即 DJS-1 型）。1958 年 5 月我国开始了第一台大型通用电子数字计算机（104 机）研制。在研制 104 机的同时，夏培肃院士领导的科研小组首次自行设计并于 1960 年 4 月研制成功一台小型通用电子数字计算机 107 机。1964 年我国第一台自行设计的大型通用数字电子管计算机 119 机研制成功。

（2）第二代晶体管计算机研制。1965 年中科院计算所研制成功了我国第一台大型晶体管计算机——109 乙机；对 109 乙机加以改进，两年后又推出 109 丙机，在我国两弹试制中发挥了重要作用，被用户誉为“功勋机”。华北计算所先后研制成功 108 机、108 乙机（DJS-6）、121 机（DJS-21）和 320 机（DJS-8），并在 738 厂等五家工厂生产。1965～1975 年，738 厂共生产 320 机等第二代产品 380 余台。哈军工（国防科大前身）于 1965 年 2 月成功推出了 441B 晶体管计算机并小批量生产了 40 多台。

（3）第三代中小规模集成电路的计算机研制。1973 年，北京大学与北京有线电厂等单位合作研制成功运算速度每秒 100 万次的大型通用计算机，1974 年清华大学等单位联合设计，研制成功 DJS-130 小型计算机，以后又推出了 DJS-140 小型机，形成了 100 系列产品。与此同时，以华北计算所为主要基地，组织全国 57 个单位联合进行 DJS-200 系列计算机设计，同时也设计开发 DJS-180 系列超级小型机。70 年代后期，电子部 32 所和国防科大分别研制成功 655 机和 151 机，速度都在百万次级。进入 80 年代，我国高速计算机，特别是向量计算机有新的发展。

（4）第四代超大规模集成电路的计算机研制。1980 年初，我国不少单位也开始采用 Z80、X86 和 6502 芯片研制微机。1983 年 12 月电子部六所研制成功与 IBMPC 机兼容的 DJS-0520 微机。中国第一台微型计算机，如图 1-21 所示。

图 1-21 中国第一台微型计算机

1.5.2 中国在计算机方面取得的主要成就

1957 年，哈尔滨工业大学研制成功中国第一台模拟式电子计算机。

1958 年，夏培肃完成了第一台电子计算机运算器和控制器的设计工作，同时编写了中国第一本电子计算机原理讲义。

1958 年，中科院计算所研制成功我国第一台小型电子管通用计算机 103 机（八一型），标志着我国第一台电子计算机的诞生。该机字长 32 位、每秒运算 30 次，采用磁鼓内部存储器，容量为 1K 字。

1958 年，我国第一台自行研制的 331 型军用数字计算机由哈尔滨军事工程学院研制成功。

1959 年 9 月，我国第一台大型电子管计算机 104 机研制成功。该机运算速度为每秒 1 万次，该机字长 39 位，采用磁芯存储器，容量为 2 ~ 4K，并配备了磁鼓外部存储器、光电纸带输入机和 1/2 寸磁带机。

1960 年，中国第一台大型通用电子计算机——107 型通用电子数字计算机研制成功。

1964 年，我国第一台自行研制的 119 型大型数字计算机在中科院计算所诞生，其运算速度每秒5万次，字长44位，内存容量4K字。在该机上完成了我国第一颗氢弹研制的计算任务。119型大型数字计算机如图1-22所示。

图1-22 119型大型数字计算机

1965年，中科院计算所研制成功第一台大型晶体管计算机——109乙机，之后推出109丙机，该机为两弹试验中发挥了重要作用。

1967年9月，中科院计算所研制的109丙机交付用户使用。该机为用户服役15年，有效算题时间10万小时以上，平均使用效率94%以上，被用户誉为“功勋机”。

1972年，华北计算所等十几个单位联合研制出容量为7.4兆字节的磁盘机。这是我国研制的能实际使用的最早的重要外部设备。

1974年8月，DJS130小型多功能计算机分别在北京、天津通过鉴定，我国DJS100系列机由此诞生。该机字长16位，内存容量32K字，运算速度每秒50万次，软件与美国DG公司的NOVA系列兼容。该产品在十多家工厂投产，至1989年年底共生产了1000台。

1974年10月，国家计委批准了由国防科委、中国科学院、四机部联合提出的“关于研制汉字信息处理系统工程”（748工程）的建议。工程分为：键盘输入，中央处理及编辑、校正装置，精密型文字发生器和输出照排装置，通用型快速输出印字装置，远距离传输设备，编辑及资料管理等软件系统、印刷制版成形等，共7个部分。748工程为汉字进入信息时代做出了不可磨灭的贡献。

1974年，清华大学等单位联合设计、研制成功采用集成电路的DJS-130小型计算机，运算速度达每秒100万次。

1980年10月，经中宣部、国家科委、四机部批准，中国第一份计算机专业报纸——《计算机世界》报创刊。由此带起了IT媒体这个新兴产业。

1981年3月，《信息处理交换用汉字编码字符集（基本集）》GB Z312—80国家标准正式颁发。这是第一个汉字信息技术标准。

1981 年 7 月，由北京大学负责总体设计的汉字激光照排系统原理样机通过鉴定。该系统在激光输出精度和软件的某些功能方面，达到了国际先进水平。

1982 年，中科院计算所研制出达到同类产品国际水平的每英寸 800/1600 位记录密度的磁带机，并由产业部门定型（ZDC207）生产。

1982 年 8 月，燕山计算机应用研究中心和华北终端设备公司研制的 ZD-2000 汉字智能终端通过鉴定并投产。

1982 年 10 月，国务院成立电子计算机和大规模集成电路领导小组，万里任组长，方毅、吕东、张震寰任副组长。

1983 年 8 月，“五笔字型”汉字编码方案通过鉴定。该输入法后来成为专业录入人员使用最多的输入法。

1983 年，中科院计算所研制的 GF20/11A 汉字微机系统通过鉴定，这是我国第一台在操作系统核心部分进行改造的汉字系统，并配置了汉化的关系数据库。

1983 年，国防科技大学研制成功运算速度每秒上亿次的银河 - Ⅰ巨型机，这是我国高速计算机研制的一个重要里程碑。

1985 年 6 月，第一台具有字符发生器的汉字显示能力、具备完整中文信息处理能力的国产微机——长城 0520CH 开发成功。由此我国微机产业进入了一个飞速发展、空前繁荣的时期。

1985 年，中科院自动化所研制出国内第一套联机手写汉字识别系统，即汉王联机手写汉字识别系统。

1986 年 3 月，在邓小平同志的关怀下，国家高技术发展计划即“863”计划启动。

1987 年，中科院高能所通过低速的 X. 25 专线第一次实现了国际远程联网。

1987 年，第一台国产的 286 微机——长城 286 正式推出。

1987 年 9 月 20 日，钱天白教授发出了中国第一封 E-mail 邮件，由此揭开了中国人使用 Internet 的序幕。

1987 年 11 月，中国电信在广州建立了我国第一个模拟移动电话网，正式开办移动电话业务。

1987 年，我国破获第一起计算机犯罪大案。某银行系统管理员利用所掌管的计算机，截留贪污国家应收贷款利息 11 万余元。

1988 年，电子工业部六所、清华大学、南方信息公司联合研制成功我国第一套国产以太局域网系统。

1988 年 9 月 8 日，中国软件技术公司推出第一个商品化的英汉全文机器翻译系统——译星 1.0 版，它装有 10 万个英语词汇。

1988 年，第一台国产 386 微机——长城 386 推出，中国发现首例计算机病毒。

1988 年，电子部六所等单位联合研制出我国第一个工作站系列——华胜 3000 系列。

1988 年，希望公司发布超级组合式中文平台 UCDOS。此后，该软件一度成为我国 DOS 平台市场份额最大的中文操作系统。

1989 年 5 月，清华大学电子系推出我国最早的印刷文本识别系统产品——清华 OCR 试用版，该产品后来成为市场份额最大的多体印刷汉字识别系统。

1989 年 7 月，金山公司的 WPS 软件问世，它填补了我国计算机字处理软件的空白，并得到了极其广泛的应用。

1989 年，我国第一个大学校园计算机网在清华大学建成。该网采用清华大学自主研制的 X. 25 分组交换机和分组拆装机 PAD，并开通了 Internet 电子邮件通信。

1990 年，中国首台高智能计算机——EST/IS4260 智能工作站诞生，长城 486 计算机问世。

1990 年，北京用友电子财务技术公司的 UFO 通用财务报表管理系统问世。这个被专家称誉为“中国第一表”的系统，改变了我国报表数据处理软件主要依靠国外产品的局面。

1991 年 6 月 4 日，我国正式发布实施《计算机软件保护条例》。

1991 年 12 月，中国邮电工业总公司与解放军信息工程学院合作开发的 HJD-04 程控交换机通过国家鉴定。这是我国自主开发的第一个数字程控交换机机型。

1991 年，上海长途电信局首次开通电子邮件业务。

1991 年，新华社、科技日报、经济日报正式启用汉字激光照排系统。

1992 年，中国最大的汉字字符集——6 万电脑汉字字库正式建立。

1992 年 1 月 17 日中美就知识产权保护问题签署谅解备忘录，3 月 17 日生效。我国开始遵照国际公约对计算机软件进行保护。

1992 年 4 月 27 日，机电部颁发《计算机软件著作权登记办法》，我国正式开始受理计算机软件著作权登记。

1992 年 11 月 19 日，国防科技大学研制成功的国内第一台通用十亿次并行巨型机银河-Ⅱ通过国家鉴定。

1992 年 4 月北京新天地电子信息技术研究所率先推出了基于 Windows3. 0 的外挂式中文平台中文之星 1. 0 版。中文之星一度成为应用人数最多的 Windows 微机环境下的中文平台。

1993 年 7 月 2 日，由电子部牵头，在全国组织实施涉及国民经济信息化的金桥（国家公用数据信息通信网工程）、金卡（银行信用卡支付系统工程）、金关（国家对外贸易经济信息网工程）等“三金工程”。

1993 年 5 月，我国发布 ISO/IEC10646-1 国际编码标准。该编码标准涵盖了各种主要语文的字符，包括繁体及简体的中文字。该标准使世界各地不同的电脑系统之间能更准确地储存、处理、传递及显示各种语文的电子文档。

1993 年 10 月，国家智能计算机研究开发中心研制出我国第一套用微处理器构成的全对称多处理机系统——曙光一号。

1994 年，国务院颁布《中华人民共和国计算机信息安全保护条例》。

1994 年 4 月 20 日，中关村地区教育与科研示范网络（NCFC）完成了与 Internet 的全功能 IP 连接，从此，中国正式被国际上承认是接入 Internet 的国家。

1994 年 5 月 15 日，在法国的许榕生与在美国的樊岗和在北京的安德海通过 Internet 共同建立了中国第一个网站。

1994 年 7 月 19 日，电子部、铁道部、电力部共同组建成立了中国联合通信公司，首次将竞争机制引入我国电信市场。

1994 年 10 月 22 日，中国公用数字数据网 CHINANET 开通。

1994 年 10 月，由国家计委投资、国家教委主持的中国教育和科研计算机网（CERNET）开始启动。

1995 年 5 月，国家智能计算机研究开发中心研制出曙光 1000。这是我国独立研制的第一套大规模并行机系统，峰值速度达每秒 25 亿次，实际运算速度超过 10 亿次浮点运算，内存容量为 1024 兆字节。

1995 年 8 月 8 日，建在中国教育和科研计算机网（CERNET）上的水木清华 BBS 正式开通，这是中国大陆第一个 Internet 上的 BBS。

1995 年 10 月，我国第一张从芯片设计、生产到卡片制作全部国产化的 IC 卡——中华 IC 卡通过原电子工业部和国家教委的鉴定。

1996 年 1 月 23 日，国务院成立国务院信息化工作领导小组，由国务院副总理邹家华任组长，胡启立同志任常务副组长。

1996 年 1 月，中国公用计算机互联网（CHINANET）全国骨干网建成并正式开通，全国范围的公用计算机互联网络开始提供服务。

1996 年 1 月，巨龙公司自主研制成功我国第一台综合业务数字网交换机 HJD04 - ISDN。

1996 年 2 月 11 日，国务院第 195 号令发布了《中华人民共和国计算机信息网络国际联网管理暂行规定》。

1996 年 11 月 27 日，以上海华虹微电子有限公司超大规模集成电路专项工程建设项目的动工兴建为标志，国家 909 工程启动。

1997 年 3 月，联想集团以 10% 的市场占有率首次成为中国 PC 市场第一。

1997 年 4 月 18 ~ 21 日，国务院信息化工作领导小组在深圳召开全国信息化工作会议，提出我国信息化建设的 24 字指导方针，即“统筹规划，国家主导，统一标准，联合建设，互联互通，资源共享”。

1997 年 5 月，我国研制的 6000 米光缆水下机器人在由大洋矿产资源开发协会组织的深海调查中，圆满完成了各项调查任务。

1997 年 12 月 30 日，公安部发布了由国务院批准的《计算机信息网络国际联网安全保护管理办法》。

1998 年，我国在移动通信设备的开发制造方面实现了群体突破，巨龙、大唐、中兴、华为、东兴等一批具有自主知识产权的中国通信设备制造企业迅速成长起来。

1998 年 8 月，“金贸”工程正式启动。电子商务成为热点。

1998 年 8 月 26 日，信息产业部召开会议，对各行业解决 2000 年问题进行了统一部署。

1999 年 1 月，中国电信和国家经贸委联合 40 多家部委（办、局）共同发动的“政府上网工程”正式启动。

1999 年 3 月，中科院软件研制中心（又名北京凯思集团）推出“女娲计划”，其中的嵌入式操作系统 Hopen 可广泛用于机顶盒、袖珍电脑、掌上电脑、PDA、DVD、Internet 接入设备等。

1999 年 4 月，信息产业部批准中国电信、中国联通、吉通公司在部分城市开展 IP 电话试验。

1999 年 11 月 2 日，中软总公司发布了第一个 64 位国产操作系统 COSIX64 产品。

1999 年 12 月，北京大学研制的支持微处理器设计的软硬件协调设计环境 JBCODES 和 JBCORE16 位微处理器通过鉴定。该项成果对我国发展具有自主知识产权的微处理器事业有重要意义。

1999 年，联想公司在亚太地区（除日本外）PC 机销售居第一。

2000 年 1 月 28 日，中科院计算所研制的 863 项目曙光 2000-Ⅱ超级服务器通过鉴定，其峰值速度达到 1100 亿次，机群操作系统等技术进入国际领先行列。

2000 年 5 月，大唐公司提出的 TD-SCDMA 获得国际电信联盟的批准，成为第一个由中国提出的 3G 移动通信国际标准。

2000 年 6 月 15 日，中科院软件所在 UltraSPARC64 位平台上开发成功第一个 64 位中文 Linux 操作系统——Penguin64。这是当时起点最高的直接针对具体硬件平台开发的中文 Linux 操作系统。

2000 年 6 月 24 日，国务院发布了《鼓励软件产业和集成电路产业发展的若干政策》的文件（国发［2000］18 号文件）。此举对即将加入 WTO 的中国软件产业和集成电路产业的发展意义重大。

2000 年 8 月 21 ~25 日，国际信息处理联合会（IFIP）主办的第 16 届世界计算机大会（WCC2000）在中国北京召开，江泽民同志出席开幕式并发表重要讲话。

2000 年 12 月 28 日，全国人民代表大会常务委员会通过《关于维护互联网安全的决定》。这是我国最高立法机构首次针对互联网制定的立法文件。

2001 年，中国 IT 产业产值达到 1.35 万亿元（人民币），规模直逼排名第二的日本。此时，中国 IT 产业产值及产品贸易额，均占世界总额的 5% 以上。其中，家电、通信终端、计算机等一些整机产品的产量已跃居世界前列，程控交换机、手机、计算机显示器、彩电、彩管、激光视盘放像机、收录机等产品的产量和出口量排名世界第一。

2001 年 6 月 1 日，由海关总署牵头，12 个相关部委联合开发的口岸电子执法系统在全国各口岸全面运行。

2001 年 7 月 10 日，中芯微系统公司宣布研制成功第一块 32 位 CPU 芯片“方舟 - 1”，其主频为 200MHz。

2001 年 7 月 12 日，中国移动通信集团宣布在全国 25 个城市开通 GPRS 业务。此举标志着中国无线通信进入 2.5G 时代。

2001 年 10 月，由大唐电信与国防科技大学共同研制的、具有自主知识产权的 863 中国高速信息示范网核心路由器 ISR 系列正式推向市场。

2001 年 12 月 11 日，国务院批准电信体制改革方案，中国电信宣布一分为二。中国电信北方 10 省市的资源归重组后的中国网通集团公司，其余的资源归新的中国电信集团公司。加上中国移动、中国联通、卫星通信以及中国铁通等，中国电信市场垄断局面被彻底打破。

2001 年 12 月 20 日，国务院公布《计算机软件保护条例》。

2001 年 12 月 22 日，中国联通公司 CDMA 移动通信网一期工程建成，并于 12 月 31 日开通运营。从地域和人口的覆盖来看，中国联通的 CDMA 网是世界上最大的 CDMA 网络。

2002 年 4 月，境外权威调查机构（Nielsen/NetRatings）的最新研究表明，中国内地家庭上网人数达 5660 万，超过日本，居世界第二，仅次于美国。

2002 年 7 月 3 日，国家信息化领导小组举行第二次会议。会议通过了《国民经济和社会信息化专项规划》和《关于我国电子政务建设的指导意见》，为各级政府的电子政务建设催生了一个大市场。

2002 年 9 月 28 日，中科院计算所宣布中国第一个可以批量投产的通用 CPU“龙芯 1 号”芯片研制成功。其指令系统与国际主流系统 MIPS 兼容，定点字长 32 位，浮点字长 64 位，最高主频可达 266MHz。此芯片的逻辑设计与版图设计具有完全自主的知识产权。采用该 CPU 的曙光“龙腾”服务器同时发布。

2002 年 11 月 8 日，党的第十六次全国代表大会上提出：“以信息化带动工业化，以工业化促进信息化”，为我国制定了一条新型的工业化发展思路。

2002 年 11 月 25 日，高性能嵌入式 32 位微处理器神威Ⅰ号在上海复旦微电子公司研制成功，并一次流片成功。

2003 年 4 月 9 日，由苏州国芯、南京熊猫、中芯国际、上海宏力、上海贝岭、杭州士兰、北京国家集成电路产业化基地、北京大学、清华大学等 61 家集成电路企业机构组成的“C * Core（中国芯）产业联盟”在南京宣告成立，谋求合力打造中国集成电路完整产业链。

2003 年 12 月 9 日，联想承担的国家网格主节点“深腾 6800”超级计算机正式研制成功，其实际运算速度达到每秒 4.183 万亿次，全球排名第 14 位，运行效率 78.5%。

2003 年 12 月 28 日，“中国芯工程”成果汇报会在人民大会堂举行，我国“星光中国芯”工程开发设计出 5 代数字多媒体芯片，在国际市场上以超过 40% 的市场份额占领了计算机图像输入芯片世界第一的位置。

2004 年 3 月 24 日，在国务院常务会议上，《中华人民共和国电子签名法（草案）》获得原则通过，这标志着我国电子业务渐入法制轨道。

2004 年 6 月 21 日，美国能源部劳伦斯伯克利国家实验室公布了最新的全球计算机 500 强名单，曙光计算机公司研制的超级计算机“曙光 4000A”排名第十，运算速度达 8.061 万亿次。

2005 年 4 月 1 日，电子签名法正式实施，《中华人民共和国电子签名法》正式实施。电子签名自此与传统的手写签名和盖章具有同等的法律效力，将促进和规范中国电子交易的发展。

2005 年 4 月 18 日，“龙芯 2 号”正式亮相。由中国科学研究院计算技术研究所研制的中国首个拥有自主知识产权的通用高性能 CPU“龙芯 2 号”正式亮相。

2005 年 5 月 1 日，联想完成并购 IBMPC。联想正式宣布完成对 IBM 全球 PC 业务的收购，联想以合并后年收入约 130 亿美元、个人计算机年销售量约 1400 万台，一跃成为全球第三大 PC 制造商。

2005 年 8 月 5 日，百度 Nasdaq 上市暴涨。国内最大搜索引擎百度公司的股票在美国 Nasdaq 市场挂牌交易，一日之内股价上涨 354%，刷新美国股市 5 年来新上市公司首日涨幅的纪录，百度也因此成为股价最高的中国公司，并募集到 1.09 亿美元的资金，比该公司最初预计的数额多出 40%。

2005 年 8 月 11 日，阿里巴巴收购雅虎中国。阿里巴巴公司和雅虎公司同时宣布，阿里巴巴收购雅虎中国全部资产，同时得到雅虎 10 亿美元投资，打造中国最强大的互联网搜索平台，这是中国互联网史上最大的一起并购案。

1.5.3 全世界十大超级计算机

超级计算机是指能够执行个人电脑无法处理的大资料量与高速运算的计算

机，规格与性能比个人计算机强大许多。现有的超级计算机运算速度大都可以达到每秒一兆次以上。“超级计算”这名词第一次出现是在1929年的《纽约世界报》。

多年来，中国、美国和日本争相成为拥有世界上最快的超级计算机的国家。

截止到目前，世界十大超级计算机前两名都是属于中国，中国占据榜首力压美、日两国。具体内容见表1-1。

表1-1 世界十大超级计算机

排序	名　称	国家	参　数
1	神威太湖之光	中国	1064.96万核心，93014TFlops/s
2	天河二号	中国	3120000个核心，33962TFlops/s
3	PizDaint	瑞士	361760个核心，19590TFlops/s
4	Gyoukou	日本	19860000个核心，19136TFlops/s
5	Titan	美国	560640个核心，17590TFlops/s
6	Sequoia	美国	1572864个核心，17173TFlops/s
7	Trinity	美国	979968核心，14137TFlops/s
8	Cori	美国	622336个核心，14015TFlops/s
9	Oakforest-PACS	日本	556104个核心，13555TFlops/s
10	KComputer-Sparc64	日本	705024个核心，10510TFlops/s

从表1-1中可以看到，美国在前十中占了4个，其次是日本。

神威太湖之光计算机图片，如图1-23所示。

图1-23 神威太湖之光计算机

天河二号计算机，如图1-24所示。

图 1-24 天河二号计算机

1.6 中国计算机专业的诞生

中国第一个计算机专业是 1956 年在哈尔滨工业大学设立的。1956 年 2 月，为适应尖端科学发展趋势以及国民经济发展的需要，哈尔滨工业大学指派吴忠明、李仲荣等几位青年教师创办了计算机专业。该专业是中国最早的计算机专业，当时隶属于仪器制造系。专业建立之初，坚持以数字计算机为主的专业方向。在以后的专业教学计划制定中，包括为师资队伍培养的课程选择，都依循于这一有利于早出人才、多出成果的目标，为哈工大计算机专业的快速发展奠定了基础。

哈工大计算机专业成立之初，就积极筹备招生事宜，在全国最早发布计算专业的招生简章，并在同年 9 月，首次招收计算机专业的本科生，成为全国最早招收计算机专业学生的院校。1958 年，从其他专业 55 级学生中转到计算机专业一个班，这个班的学生于 1960 年毕业，成为哈工大计算机专业的首届毕业生。这批学生也是幸运的一批学生，他们曾接受过邓小平同志的视察，还与来校讲学的著名数学家华罗庚先生一起座谈，受益匪浅。

1956 年，党中央向全国人民发出了向科学进军的号召，并制定了我国十二年科学技术发展规划。当时，在我国开拓电子计算机这一新兴技术领域的问题得到国家的重视，在十二年科技发展规划中，组织力量建立我国计算技术的研究部门，被定为紧急措施。在这种形势下，清华大学决定在无线电系设立“数学计算仪器与装置”专业，由凌瑞骥同志负责筹建。1956 年 6 月，根据党中央关于发展我国尖端技术的全局部署，清华大学决定自动学运动学和计算机两专业合并，在电机系内设立统管这两个专业的教研组，由钟士模教授任教研组主任。1958 年 6 月 13 日，聂荣臻在高教部关于几所高校专业设置的报告上批示，同意清华大学设立自动控制和计算机专业。

1.7 计算机基础教学的必要性

我国的计算机专业最早于 1956 年设立在哈尔滨工业大学。受条件限制，当时只对部分计算机专业的学生讲授计算机有关课程，而对于非计算机专业的学生则完全没有开展此类课程的讲授，非计算机专业的学生对计算机的相关知识的掌握为零。在当时，除了计算机专业的学生外，其他专业毕业生都是计算机盲。随着科技的发展及计算机的普及，计算机在工作和生活中的重要性日渐突出，因此，对非计算机专业学生开设计算机课程，讲授计算机相关课程是社会发展的需要，是教育发展的必然。

（1）开设计算机基础教学是社会发展的需要。计算机具有进行快速运算功能、逻辑判断功能、文件分类存储功能以及对相关设备的控制功能。从 1946 年第一台电子计算机问世以来，计算机取得了长足的发展，并逐渐被用于各行各业。计算机的出现，使得人类在科学技术领域、经济建设领域、自动化控制领域、生活服务领域、信息发展领域等各方面创造了一个又一个的奇迹。它给工业、决策、通讯及信息化、管理等方面带来了一场新的革命。随着计算机的普及，凡是技术先进的地方以及实现高度自动化的地方，都离不开计算机。计算机的发展水平、普及程度、在生产生活中的应用程度已成为衡量一个国家现代化水平的显著标志之一。专家预测，20 世纪是计算机诞生和发展时期，21 世纪将是计算机大普及和高度智能时期。那时，全人类的物质文明和精神文明将达到一个崭新的阶段，人类将进入高度信息化、高度自动化、高度知识化、高度计算机化的社会，计算机必将成为人们生产、生活中不可或缺的物品。

（2）开设计算机基础教学是人才基本素质的体现。现代社会是信息化社会，要么努力了解和学习信息化社会必须具备的技能，跟上时代发展的步伐；要么沦为信息社会中的新文盲，被新技术革命所淘汰，被信息时代所抛弃。

现代社会的重要标志是计算机技术，现代人需要适应现代社会，因此现代人需要掌握并使用计算机技术。

计算机是信息化社会的标志性设备，在信息社会中起到无可替代的重要作用和主导地位。在新的世纪中计算机作为高科技产品，正在迅速替代人类承担起繁重的脑力劳动，并以各种方式渗透到人类的生产和生活之中。掌握了一定计算机知识的专业人才将能更高效地从事各种生产和研究开发工作。计算机的普及程度及在生产和生活中的应用程度，必将极大地影响着我国现代化建设的进程。为实现这一目标，计算机相关知识的讲授必须是高等学校的共同基础课程。

（3）开设计算机基础教学是学生就业择业的需要。从 20 世纪 40 年代末期问世的信息论、控制论、系统论，到 20 世纪 70 年代出现的“信息科学”。科学技术正以前所未有的速度进行发展，信息量以几何级数爆炸性增长，大量的数据信息需要进行记录、加工和处理。由人脑和体能的局限，无法及时准确由人工完成信息处理，只能依靠计算机去进行分析、计算、加工、处理。随着信息科学的不断发展，用计算机进行信息数据处理，已经成为现代社会的显著特征。因此，若在新的世纪里我国培养的学生没有计算机基本知识，不能熟练操作计算机，就不具备一名合格毕业生的基本条件，也不能适应未来职业竞争的需要。随着社会的发展及高等教育的普及，高校毕业生择业难的问题已凸显出来，不具备电脑基本知识的学生就业形势尤其艰难。因此，开设计算机基础教学是学生就业择业的需要。

2 计算机基础教学的发展

2.1 20世纪80年代计算机基础教学发展情况

20世纪80年代初，我国部分高校的理工专业开始面向非计算机专业开设各种计算机课程。随着计算机的迅猛发展，人们认识到在高等院校的非计算机专业开设计算机课程的必要性，经过多年的非计算机专业学生计算机课程的开展已经收到了显著的效果。非计算机专业开设计算机课程将计算机科学引入到各个学科领域，把计算机应用和各个专业结合起来，这种方式推动了各门学科的改造，大大提高了大学生的学习质量。

2.1.1 计算机辅助教学的出现

20世纪70年代末80年代初，微型计算机性能逐步提高，针对计算机某些方面的应用软件也日趋成熟，如数据库管理系统、电子报表系统、文字处理系统等。把计算机作为一种有效的“工具”使用的提议是美国在1985年的第四届世界计算机教育应用大会（WCCE/85）的主题，会议中提到在计算机教育中要适当将计算机结合到各门教学课程中，利用计算机进行辅助教学。

计算机辅助教学简称CAI，是一种提高教学效率和增强教学效果的现代教学技术。CAI是将计算机应用于教育领域，并且应用计算机来帮助或替代教师执行部分教学任务，以这种方式向学生传递教学信息及传授知识和技能。CAI是教学机器的发明人普莱西首创的，美国著名的教育心理学家斯金纳在50年代再度推动了这方面的工作。美国曾将CAI看作提高教学和训练的一种效率手段，加以研究和应用。

2.1.1.1 CAI的主要优势

（1）学生学习兴趣和知识潜能被CAI多样化的教学模式所激发。CAI教学采用的是图、文、声并茂方式，这种多维立体的教学方式使信息传播增强了真实感和表现力，尤其对于一些相对抽象的理工科目及枯燥的理论学习，更能起到化静态为动态、化抽象为具体、化难为易的效果。以此来消除学生对传统的灌输教学方式原有的抵触心理，并且提高了学生学习兴趣和自主思考的能力。学生只在有了兴趣后，才能做到更好地自主学习来扩充知识面，并且提高自己获取知识的潜能。如可以将学生不熟悉的事物的讲解通过图、文、音的结合，融合到 CAI 的教学中，既可提高学生的学习兴趣又可提高教学效率。如图 2-1 小学课本中翠鸟的讲解。

图 2-1 小学课本中翠鸟的讲解

（2）CAI 教学能通过发散学生思维及提升学生获取信息的潜力来提高教学效率。CAI 教学可以利用图、文、声、像的特色刺激学生的多种感官，学生可以从听、视、说再到自己的动手实际操作，这样学生就能从最直观的感受出发，达到充分调动自己的发散思维、开拓思路的目的。因此，合理地运用 CAI 在提高课堂的授课质量上是很重要的，它不仅有利于创造高效、和谐、互动的课堂气氛，而且有利于锻炼学生的自主思考能力及发散思维，更有利于发掘学生获取信息的潜力，以此提高教学效果。

（3）CAI 可以提供针对性的个性化教学和层次教学。CAI 是一个可调节的计算机控制系统，教师可以在课堂上通过 CAI 对学生进行教授及反复播放教学资料来完成有效的教学，CAI 还可以依据学生学习能力和知识背景的差异进行有效教学。CAI 的制作中可以打破传统教学模式那种固有的教学进度和深度，它可以依据学生实际情况向各个能力层次的学生提供有针对性的个性化教学辅导。

（4）CAI 增大了课堂教学信息量，并能突出教学的重点和难点。CAI 的使用不仅节省了传统教学模式的现场板书，现场制图的时间，而且增加了课堂教学的信息量，加快了教学节奏。教师可在上课之前将板书内容制作成幻灯片，在课堂上进行播放，由此将更多的时间用在对教学的重难点讲解及与学生的互动中。这种教学方式不仅能在课堂上向学生传授更多的信息，还能通过与学生的互动来延展与教学内容相关的知识面。这样展示给学生的知识就更直观、更清晰、更具吸引力，使学生对知识点的掌握更快并且印象也更深刻。

（5）CAI 减轻了教学过程中教师的工作量，激发了教师再学习的意识。将 CAI 融于教学活动中，使得教师不需要像传统教学模式中那样在课堂上花费大量的时间书写板书，特别是对理工科教师来说更是省去了携带大量图表、模型、仪器等各式教学用具到课堂的麻烦，只需授课教师在课前将需要的资料做成教学课件存入一个外部存储器中，就可以利用计算机、投影仪等多媒体工具向学生反复多次演示。教师在多媒体课件的研制和操作过程中需要对教学内容和教学方法进行研究，这样就激发了教师的再学习意识，提高了教师队伍的专业素质。

（6）CAI 具有使用方便，易修改且能持久保存的特性。CAI 教学课件一旦制作成功，携带非常方便，只要将多媒体课件存入移动外部存储器即可随身随时使用。CAI 具有交互性，这样可使教师在授课过程中通过学生的互动反应，发现课件中存在的不足，及时完成对课件内容的修改或补充。CAI 的这种特性不像广播、电视那样被动交换信息的方式，教师可以将自己精心制作的课件长久的保存。

2.1.1.2 CAI 在我国的发展

我国于 20 世纪 60 年代开始进行 CAI 的研究，曾在 1964 年的部分中、小学的数学、语文和外语课堂上进行了一些尝试，但此教学方式的研究在“文革”中中断。之后在 20 世纪 80 年代才开展了对 CAI 的研究，但由于受到计算机技术落后的影响，并没有真正意义上投入到高校及初高中的课程上。

2.1.2 数据库技术的发展

数据库是存储数据的容器。数据库系统由硬件、操作系统、数据库管理系统、数据库开发工具软件及数据库应用程序、数据库管理员和用户组成。数据库系统一般具有存储、截取、安全保障、备份等基础功能。

数据库系统的组成如图 2-2 所示。

数据库系统的创建过程包括数据库需求分析，数据库逻辑设计，数据库物理设计，最后是数据验证，如图 2-3 所示。

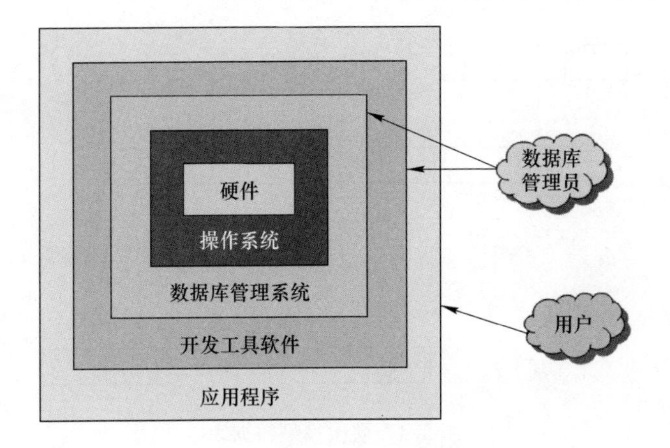

图2-2 数据库系统的组成

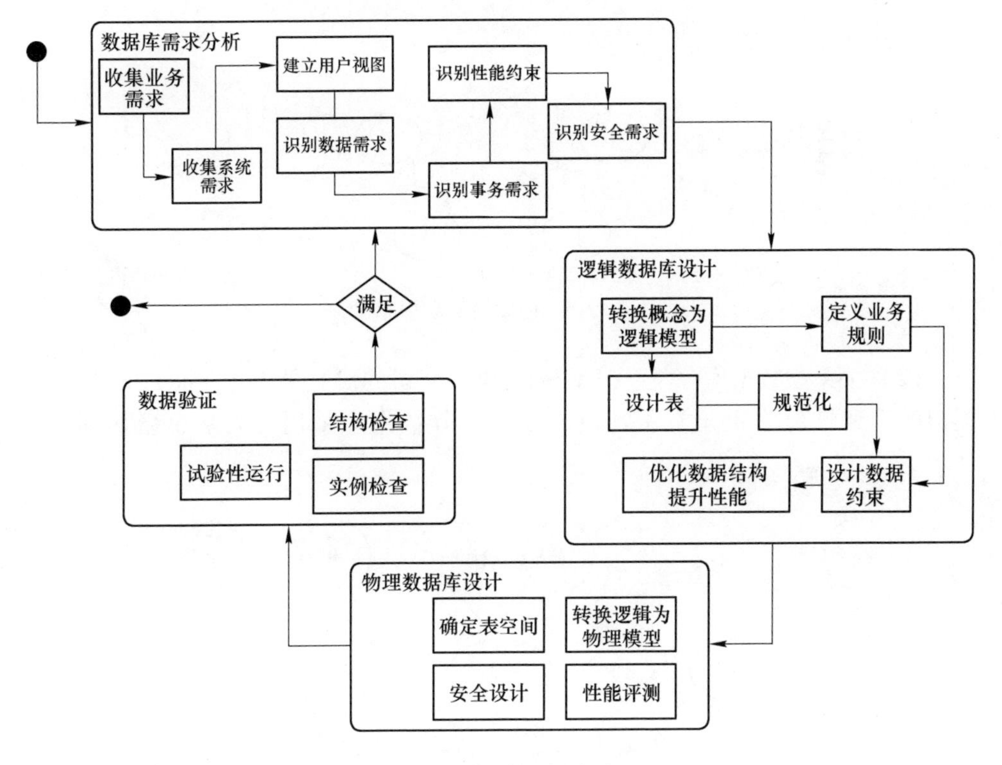

图2-3 数据库的设计过程

2.1.2.1 数据库技术发展的三个阶段

（1）层次型和网状型。层次模型的代表产品是20世纪60年代末由IBM公司研制的IMS层次模型数据库管理系统。层次模型数据库如图2-4所示。

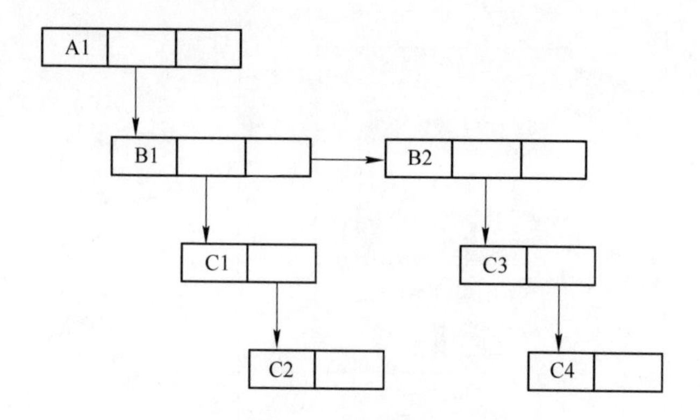

图 2-4 层次模型数据库

网状模型数据库如图 2-5 所示。

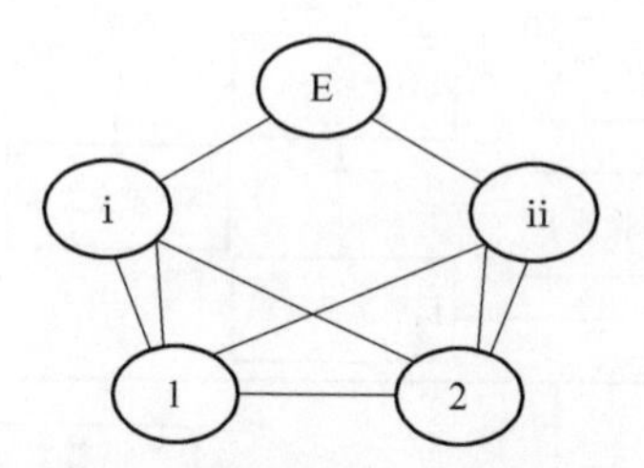

图 2-5 网状模型数据库

(2) 关系型数据库。关系模型是由 IBM 公司的研究员 E. F. Codd 在 1970 年提出的。到目前为止，关系模型还被大部分数据库采用。关系模型如图 2-6 所示。

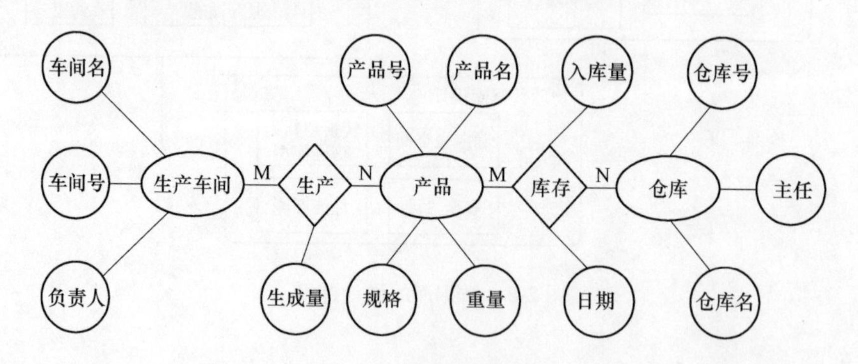

图 2-6 关系模型数据库

(3) 第三代数据库。第三代数据库是支持面向对象的，具有开放性，并能够在多个平台上使用的数据库。这种模型的数据库具有更强大的数据管理功能，以此改变传统数据库系统难以支持的新应用。面向对象的数据库如图2-7所示。

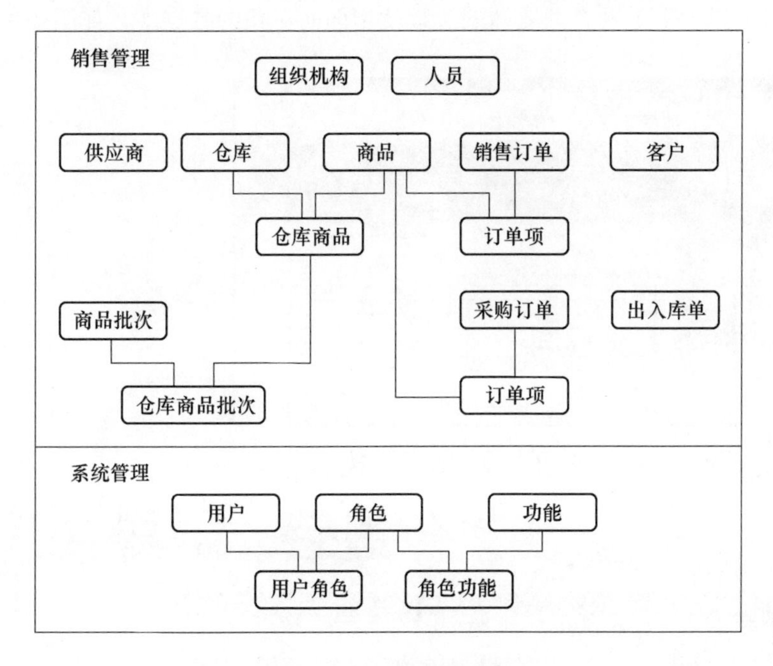

图2-7 面向对象的数据库

2.1.2.2 数据库技术的发展现状

数据库从出现到目前，经历了几十年的发展，数据库技术和多学科技术的有机结合是当前数据库技术发展的重要特征。

（1）面向对象方法和技术逐步融入到了数据库中。面向对象的方法出现后，随着数据库技术的发展，它被逐渐引入到数据库的领域中，因此形成了面向对象的数据库管理系统。换句话说，数据库技术和面向对象技术结合的产物就是面向对象的数据库管理系统。我们应该清楚地看到，面向对象数据库管理系统首先是一个数据库系统，它应具备数据库系统的处理能力，其次它又是一个面向对象的系统，它还包含了对象的属性，如概念、方法和技术等。面向对象数据库管理系统与传统的数据库相比，它在复杂系统的模拟、表达和处理能力等方面具有独特的优势。

（2）数据库技术与网络技术的融合。随着网络的发展，数据库技术和网络技术逐步融合，形成了分布式数据库系统。分布式数据库的理念是通过网络使整个数据库系统中有了局部数据库和全局数据库，它的主要优点有两点：一是通过网络能实现对数据进行全局管理；二是使各节点自主管理本节点数据，这样数据库系统中的数据具有独立性且分布透明。数据库技术和网络技术的融合不仅增大了数据的容量，还提高了数据的可靠性与可用度，并且改善了系统的性能和并行处理能力。如学生上网查询成绩的过程就是面向对象的数据库，如图2-8所示。

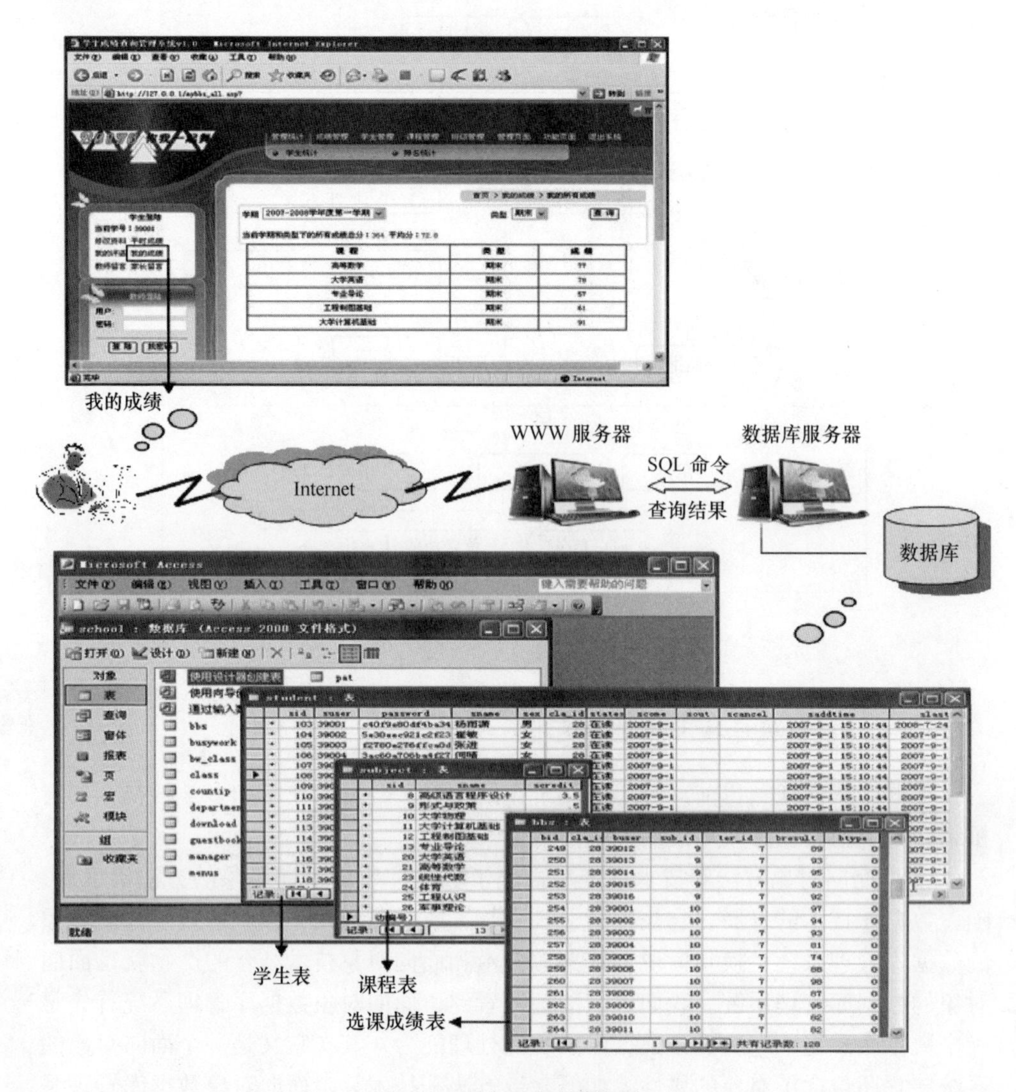

图2-8 面向对象的数据库

（3）多媒体技术进入数据库领域。随着多媒体技术的发展，无论是个人计算机还是在网络上都有各种多媒体信息，这些多媒体信息的处理需要数据库来组织和管理，由此产生了多媒体数据库。多媒体数据库就是由计算机技术、影像技术和通信技术相结合产生的，多媒体数据库中的数据类型复杂、信息量大并具有实时性、分布性和交互性等特点。

（4）数据库技术与人工智能的结合。人工智能是研究计算机模拟人的大脑思维和模拟人的活动的一门科学，逻辑推理和逻辑判断是人工智能最主要的特征，但这些特征在信息检索方面效率很低。数据库技术是在数据存储、管理、检索方面有其独特的优势，但对于人工智能方面的逻辑推理却无能为力。在这种情况下，一种新型的数据库系统随之产生，这就是智能数据库系统。智能数据库系统是人工智能与数据库技术相结合的产物。

2.1.2.3　数据库技术的发展趋势

数据库技术经过多年的发展，已经得到了极大的完善，特别是关系型数据库管理系统。随着数据库技术的不断发展，在新技术不断涌现的情况下，数据库技术在今后的发展中将主要体现在以下几个方面。

（1）对象——关系数据库。当前关系数据库是数据库系统的主要标准，因为关系型数据库语言与常规计算机语言结合在一起基本可以完成任意的数据库操作，但也有它的局限性，如有限的数据类型、程序设计中数据结构的制约等成为关系型数据库发挥作用的瓶颈。在数据库的发展过程中，出现了面向对象数据模型，面向对象数据模型是指属性和操作属性的方法封装在称为对象类的结构中的模型。面向对象方法解决了关系型数据库中有限的数据类型、程序设计中数据结构的制约等问题，面向对象的方法是以实体对象为基本元素，用对象来描述复杂的客观世界，但面向对象方法的缺点是没有关系数据库灵活。因此，将面向对象的建模能力和关系数据库的功能进行有机结合是数据库技术的一个发展方向。面向用户的关系型数据库框架图，如图2-9所示。

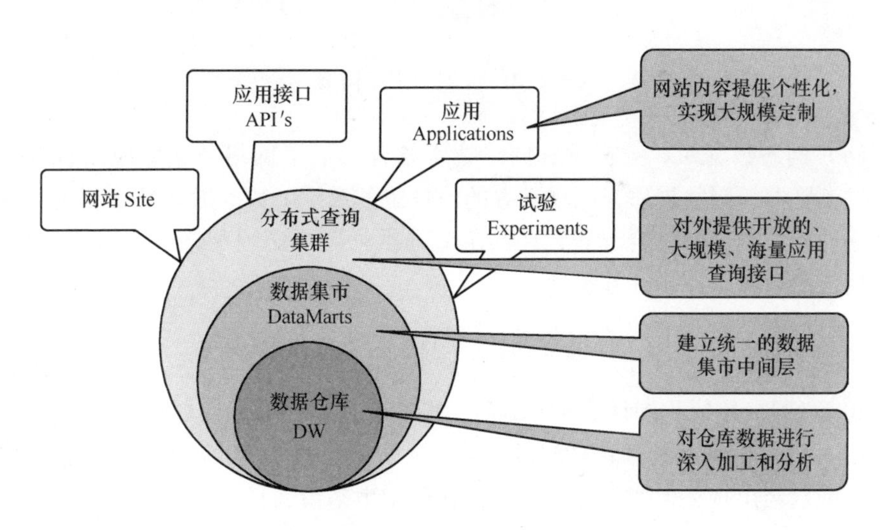

图2-9　面向用户的关系型数据库框架图

（2）数据仓库与数据挖掘。数据仓库技术是从数据库技术发展而来的。数据仓库技术面向的数据集合是具有主题的、稳定的、综合的、随时间变化的特性。随着目前商业竞争越来越激烈，与数据仓库、数据发掘相关的技术应用会越来越普遍，其相关产品也会更加成熟。

(3) 实时数据库技术。实时数据库管理系统是数据库系统发展的一个分支。当处理不断更新的快速变化的数据和具有时间限制的数据处理时，就会用到实时数据库系统。实时系统和数据库技术相结合形成了实时数据库技术，实时数据库利用数据库技术来解决实时系统中的数据管理问题，同时利用实时技术为实时数据库提供时间驱动调度和资源分配算法。实时数据库技术必将对传统数据库系统发展起到巨大的推动作用，在现代信息社会中它能使数据库技术更广泛的应用。实时数据库模型如图 2-10 所示。

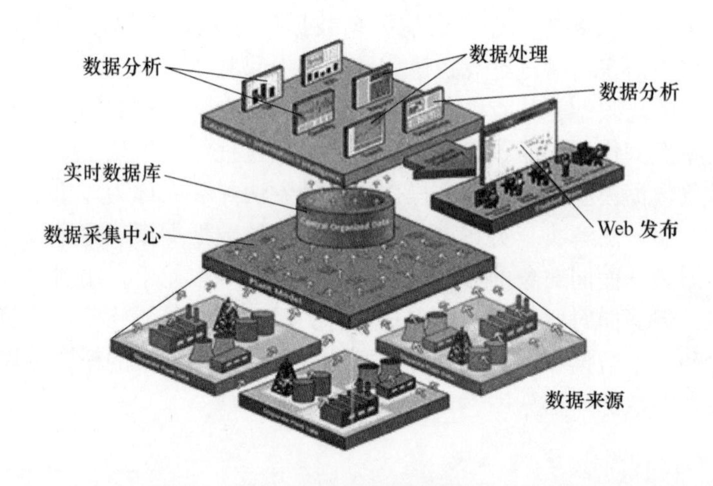

图 2-10 实时数据库模型

(4) 网络数据库。数据库和网络技术结合形成了网络数据库应用系统，它是通过浏览器访问数据库来实现动态的信息服务系统。数据库和网络利用扩展技术和一些相应的软件结合起来，在网络上提供给用户访问和修改数据库的接口，用户便能通过浏览器访问数据库。

2.1.3 20 世纪 80 年代计算机基础教学现状

20 世纪 80 年代我国计算机基础教学刚刚起步，存在的问题较多。

(1) 计算机基础教学在高校没有全面展开。20 世纪 80 年代的中国，虽然计算机专业已经出现，但对于非计算机专业的学生来说，只有一部分院校开设了计算机课程，仍有不少学校或专业还未开设计算机课程。我国还有大量的大学毕业生没有摸过计算机，不会操作计算机。这种情况与发达国家差距很大，和我国现代化建设的发展不适应。

（2）课程学时严重不足。在80年代，即使非计算机专业已经开设了计算机课程的部分高校，授课内容多数是只开设了BAISC语言或FORTRAN语言课程，并且学时仅有三四十学时，上机时间很少，导致学生只学到初步的计算机知识，严重缺乏计算机的系统知识和运用计算机解决本专业领域中实际问题的能力。

（3）课程体系不完善。80年代，全国对非计算机专业的计算机教育重要性缺乏足够的认识。全国高校计算机基础教学没有明确的教学要求，没有确定到教学计划中，也没有确定统一的教学大纲，并且没有规范的计算机基础教材。80年代的计算机基础教学迫切需要针对当时不同专业的不同情况，制订出不同层次的要求，编写出符合不同专业、不同层次的教材，提高计算机基础教学的质量。

2.2　20世纪90年代计算机基础教学现状

随着计算机技术与应用的不断发展，随着信息社会对人才培养新需求的不断变化，高等教育改革不断深化，非计算机专业学生计算机知识与能力的提高对国家信息技术的应用和发展起着举足轻重的作用。

2.2.1　中小学计算机课程的发展

20世纪50年代，高校建立了计算机专业，计算机专业学生开始接受计算机教育，但在我国中小学的计算机教育，还是空白，直到80年代，在部分有条件的中学才开展了计算机教学的选修课。

2.2.1.1　1982～1990年中小学计算机课程从零开始初具规模

1981年，教育部派代表团参加了由联合国教科文组织与世界信息处理联合会在瑞士洛桑举行的第三届世界计算机教育应用大会。参会归来，根据世界中小学计算机教育发展需求，听取参会专家意见，教育部于1982年决定在5所大学的附属中学进行中学计算机教育实验工作，开始了我国中小学计算机教育的历程。由于条件限制，最初只是借用大学的计算机资源与大学的师资对中学生进行教学活动。后来得到华夏基金会等一些组织的支持，部分学校添置了自己的机器，建立了计算机机房，并培养了自己的计算机教师。到1982年年底共有19所中学开展了计算机教育活动。1983年，教育部在总结试点学校经验的基础上，制定了计算机选修课的教学大纲，规定中学计算机教学内容是简单的计算机工作原理和BASIC程序设计语言，同时为加强对中小学计算机教学实验的研究与指导，特别成立“全国中学计算机教育试验中心”。1984年颁发了《中学电子计算机选修课教学纲要（试行）》。

1986年，全国中学计算机教育工作会议在福州召开，会上制定了发展我国中学计算机教育的指导方针是“积极、稳妥，从实际出发，区别不同情况，注重实效”。在试点的基础上逐步扩大收益的范围，并决定在教学大纲中增加部分计算机应用软件的内容，如文字处理、数据库初步及电子表格等，并在有条件的地区和学校逐步开展计算机辅助教学，组织力量开发计算机教育软件，充分提高现有设备的利用率，适当扩大对初中学生进行初级的计算机教育。1987 年，正式颁布了《普通中学电子计算机选修课教学纲要》。1982 ~ 1990 年我国中小学计算机教育情况见表 2-1。

表 2-1 1982 ~ 1990 年我国中小学计算机教育情况统计表

具 体 情 况	1982 年年底	1986 年	1990 年
开展计算机教育学校数/所	19	3319	7081
全国中学拥有计算机数/台	150	33950	76862
从事计算机教育教师数/人	20	6300	7232
累计学习计算机学生数/万人	0. 1	35	300

2. 2. 1. 2 中小学信息技术课程的发展

中学计算机教育在 20 世纪 90 年代之后，随着我国信息技术的不断发展，有了很大变化。为了加强对我国计算机教育工作的领导，1992 年 8 月，国家教委成立了以柳斌副主任为组长的“全国中小学计算机教育领导小组”。“全国中小学计算机教育研究中心”是“领导小组”的组织执行部门，为“领导小组”提供有关决策咨询、文件资料、信息动态及实施措施等。“全国中小学计算机教育研究中心”在国家教委基础教育司的领导下，参与制定了全国中小学计算机教育事业的发展规划和政策，编写计算机教育教材与组织研制、开发软件等，为促进中小学计算机教育的发展做出了贡献。并将中小学以前的计算机课改为如今的信息技术课。信息技术课程的目标是培养学生的信息素养。

信息技术课程在中小学开展授课以来，经过多年的发展与改进，无论在性质和课程内容方面都发生了很大的改变，信息技术课程的发展历程见表 2-2。

表 2-2 信息技术课程的发展历程

信息技术课程	20 世纪 80 年代	20 世纪 90 年代	21 世纪前 10 年
阶段性质	实验阶段	发展阶段	基本普及阶段
课程内容	基本知识，BASIC 语言	基本知识（模块自选）	基本知识（基本模块、拓展模块）
推进方式	高中选修课	初中、高中选修、必修课，小学活动课	两大工程：校校开课、校校通
理论依据	计算机文化论	计算机工具论	信息文化论

续表 2-2

信息技术课程	20 世纪 80 年代	20 世纪 90 年代	21 世纪前 10 年
学科结合	少数教师编制小软件简单的 CAI	不同类型软件为教学服务基本围绕升学	深层整合，提高创新能力和信息素养
支撑环境	计算机教室	多媒体教室	多媒体网络教室

从表 2-2 中可以看到，我国信息技术课程大致分为三个阶段，分别是计算机文化论、计算机工具论和信息文化论。不同时期分别对应着 80 年代、90 年代以及 2000 年至今。

2.2.1.3　《信息技术》课程的核心教育目标和任务

（1）中小学《信息技术》课程的教育目标。21 世纪教育的新命题是信息教育，为了适应当今和未来社会的要求，学校教育要从记忆型教育转为信息教育，即培养学生从记忆信息转向应用信息和创新信息，这正是从应试教育向着素质教育改革的方向。全国信息技术教育研究中心指出“信息技术教育是现代社会全面素质教育的一个重要组成部分，其目标是培养现代社会接班人的信息素质”。

《信息技术》课程教学应在培养学生能力、全面提高学生素质方面发挥其独特的优势。因此，信息素质教育是中小学《信息技术》课程的核心教育目标。

（2）中小学《信息技术》课程的教学任务。中小学《信息技术》课程教学的主要任务体现在以下四个方面：

1）培养我国公民所必备的信息技术基础知识。现代社会，我国公民所必备的信息技术基础知识，主要包括最基本的知识和最基本的技能。由此可见，培养学生掌握信息技术基本技能，使学生学会收集信息、处理信息并利用信息技术手段自主学习，以此为他们适应现代化信息社会的学习、工作和生活方式打下必要的基础。

2）结合《信息技术》课程知识的学习，向学生渗透思想品德教育。通过《信息技术》课程培养学生健康的信息意识和信息伦理道德，使学生明白遵循信息应用方面的伦理道德规范，不作非法活动，也要使学生知道如何防止计算机病毒和其他计算机犯罪活动。想要达到以上目标，需要授课教师除了结合《信息技术》课程教学言传身教外，还要以自己的模范行动来教育学生，使学生能树立正确的人生观、世界观，在信息的海洋中能正确把握自己的人生方向，形成良好的信息技术道德。

3）发展学生的能力，教会学生学习。在《信息技术》课程的教学中要使学生掌握基础知识和基本技能的同时，还要培养和发展学生自学的能力，让学生掌握自学信息技术知识的方法，掌握网络上教育资源的搜集方法，通过网络自学了解计算机的其他信息技术。中小学的《信息技术》课程应使学生终身受益，无论学生今后从事何种职业，他们在中学和小学学到的知识和培养的能力都应该是有用的。

4）教学中要发展学生的体力。《信息技术》课程教学中的声光刺激较强，上机操作课中更为严重。因此，在《信息技术》课程的教学中要注意教学卫生，并要结合《信息技术》课程学科的特点，对学生进行卫生方面的教育。如要求学生养成正确的上机操作姿势，眼睛与显示器的距离不可过近，显示器的色度和亮度要控制在合理的范围内，座位与操作台的高度要适宜，并且要强调学生用电脑的时间不宜过长，保护自己的健康。

2.2.1.4 《信息技术》课程的学科特点

《信息技术》课程的学科特点主要有以下六个方面：

(1) 发展性特点。由于现代信息技术发展日新月异，计算机技术无论是硬件方面还是软件方面都取得了不少突破性的成就，计算机应用出现了许多新的领域，由此中小学《信息技术》课程教学具有明显的时代发展性特点。

(2) 综合性特点。中小学《信息技术》课程与中小学其他学科比较，具有较强的综合性。因为它涉及众多的边缘和基础科学，中小学《信息技术》课程本来就不具备严格意义上的所谓计算机学科性，它兼有基础文化课程、劳动技术教育和职业教育的特点，也兼有学科课程、综合课程和活动课程的特点。

(3) 应用性特点。中小学《信息技术》课程是一门应用性学科。在《信息技术》课程教学过程中应体现的教学氛围是创造尽可能多的机会让学生亲自动手使用计算机，因为学生只有在不断的使用过程中才能学好计算机。

(4) 工具性特点。计算机是信息时代的工具，但它又不是普通的工具，而是“人类通用的智力工具”，因此，中小学《信息技术》课程具有工具性的特点。因此，授课教师要通过《信息技术》课程的教学，使学生必须掌握和应用计算机这个现代化的工具，去处理现代社会信息的能力。

(5) 实验性特点。《信息技术》是一门操作性强的课程，因此它是离不开实验的，离不开计算机的操作。所以，中小学《信息技术》课程教学也必须突出实验性的特点，上机实验操作的水平直接关系到小学《信息技术》教学的发展水平和教学水平。

(6) 趣味性特点。中小学《信息技术》是一门趣味性很强的课程。在教学过程中，授课教师应该充分利用计算机的趣味性，无论授课的对象是哪个年级，无论是怎样的教学内容都应该重视挖掘和体现《信息技术》课程的趣味性，以此，激发、培养和引导学生对计算机学习的兴趣。

2.2.2 计算机网络的发展

计算机网络是将一些计算机相互连接的、以共享资源为目的的、自治的计算机的集合。计算机网络应用到计算机技术和信息技术，也可以说它是计算机技术和信息技术相结合的产物，随着计算机网络技术的发展，计算机网络经历了从简单到复杂，从单机到多机的发展历程。

2.2.2.1 计算机网络的发展历程

计算机网络的发展过程主要包括面向终端的计算机网络，多台计算机互连的计算机网络，面向标准化的计算机网络和面向全球互连的计算机网络四个阶段。

（1）面向终端的计算机网络。20世纪50～60年代，计算机网络处于面向终端的阶段，该阶段以主机为中心，通过计算机实现与远程终端的数据通信。面向终端的计算机网络如图2-11所示。

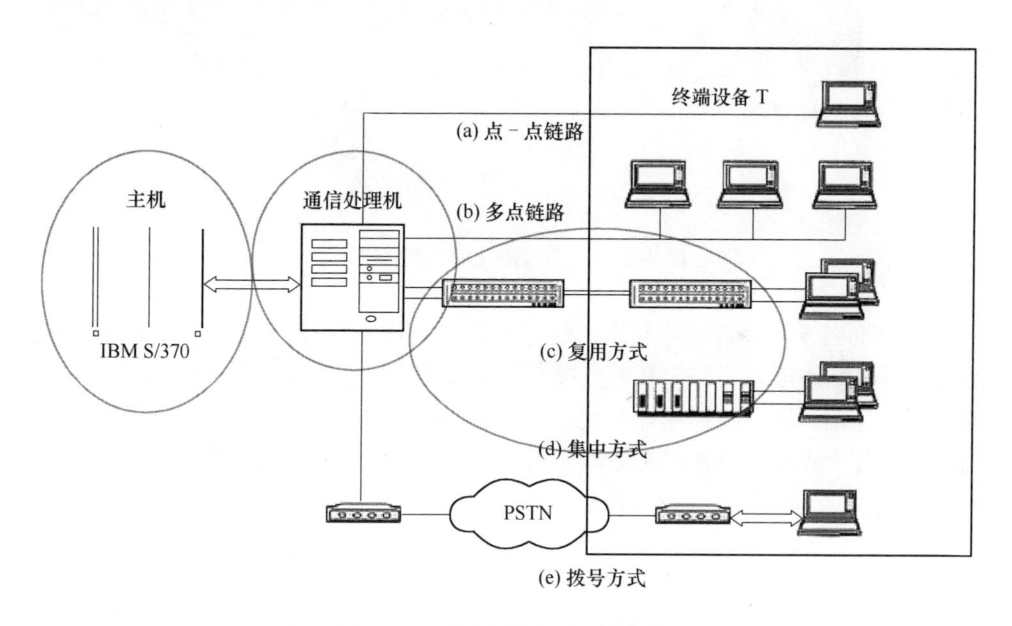

图2-11 面向终端的计算机网络

这一阶段的特点有三个：一是数据集中式处理，数据处理和通信处理都是通过主机完成，这一特点使得数据的传输速率受到了限制；二是主机的可靠性和性能决定了系统的可靠性和性能，这样能便于维护和管理，数据的一致性也较好；三是由于过于对主机的依赖，使得通信开销较大，通信线路利用率低。

（2）多台计算机互连的计算机网络。多台计算机互连是计算机网络发展的第二个阶段，该阶段是以通信子网为中心的网络阶段，在 20 世纪 60 年代中期，出现了由若干台计算机相互连接成一个系统，该系统通过通信线路将多台计算机连接起来，以此来实现计算机与计算机之间的通信。

（3）面向标准化的计算机网络。到了 20 世纪 70 年代末至 80 年代初，微型计算机得到了广泛的应用，各单位为了适应本单位办公自动化的需要，迫切需要将自己拥有的微型计算机、工作站、小型计算机等连接起来，通过这种连接达到资源共享和相互传递信息的目的，而且需要降低联网费用，同时提高数据传输效率。在此期间，各大公司都推出了自己的网络体系结构。面向标准化的计算机网络如图 2-12 所示。

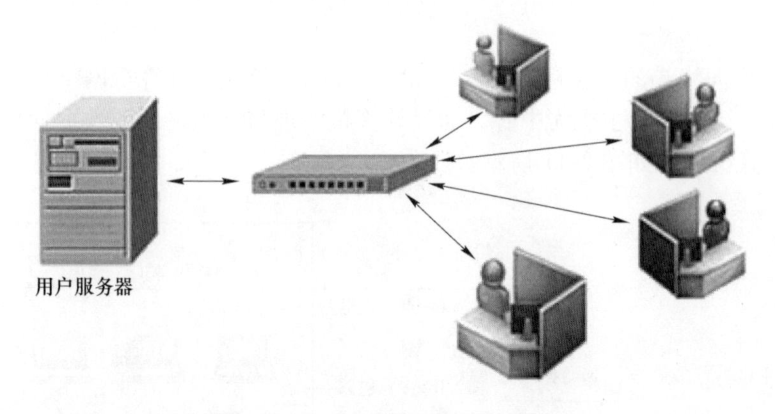

图 2-12 面向标准化的计算机网络

（4）面向全球互连的计算机网络。20 世纪 90 年代以后，随着数字通信的出现，计算机网络进入到一个新的阶段，该阶段的主要特征是综合化、高速化、智能化和全球化。这一时期在计算机通信与网络技术方面以高速率、高服务质量、高可靠性等为指标，出现了高速以太网、VPN、无线网络、P2P 网络、NGN 等技术，计算机网络的发展与应用渗入了人们生活的各个方面，进入一个多层次的发展阶段。

各个国家都建立了自己的高速因特网，这些因特网的互连构成了全球互连的因特网，并且渗透到社会的各个层次。面向全球互连的计算机网络如图 2-13 所示。

2.2.2.2 计算机网络的功能

计算机网络最基本的功能有数据通信和资源共享。计算机网络的数据通信是指计算机网络能快速传送计算机与终端、计算机与计算机之间的各种信息。计算机网络的资源共享包括硬件共享、软件共享、数据资源共享、信道资源共享等。网络共享如图 2-14 所示。

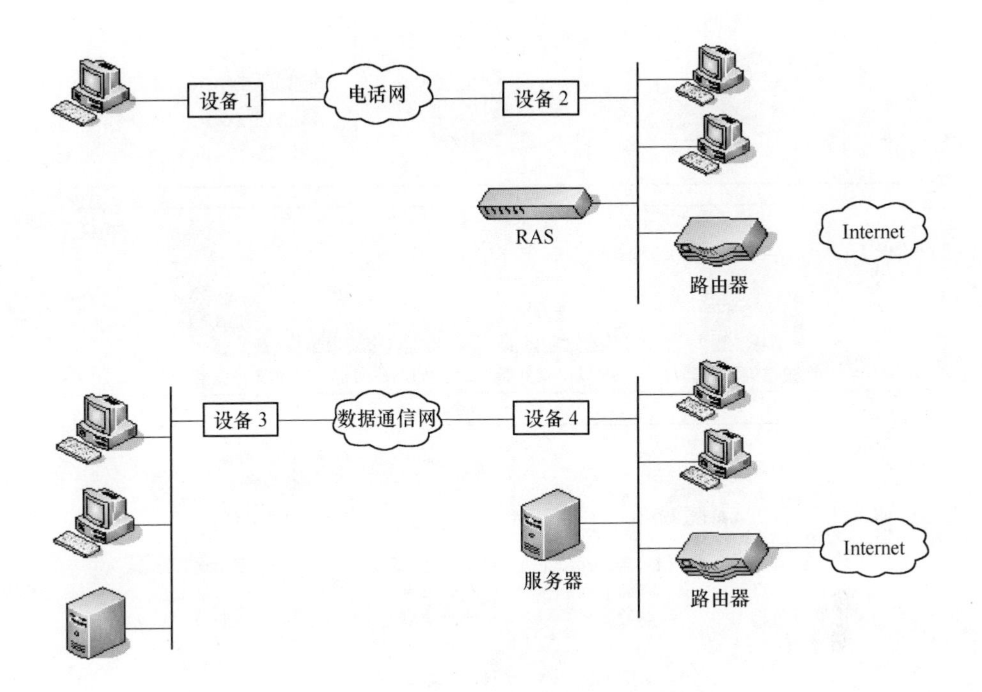

图2-13 面向全球互连的计算机网络

图2-14 网络共享

硬件资源共享是指通过网络，可以对全网范围内提供的处理资源、存储资源、输入输出资源等昂贵设备进行共享，这样可以达到节省投资，便于集中管理和均衡分担负荷效果。硬件资源共享如图2-15所示。

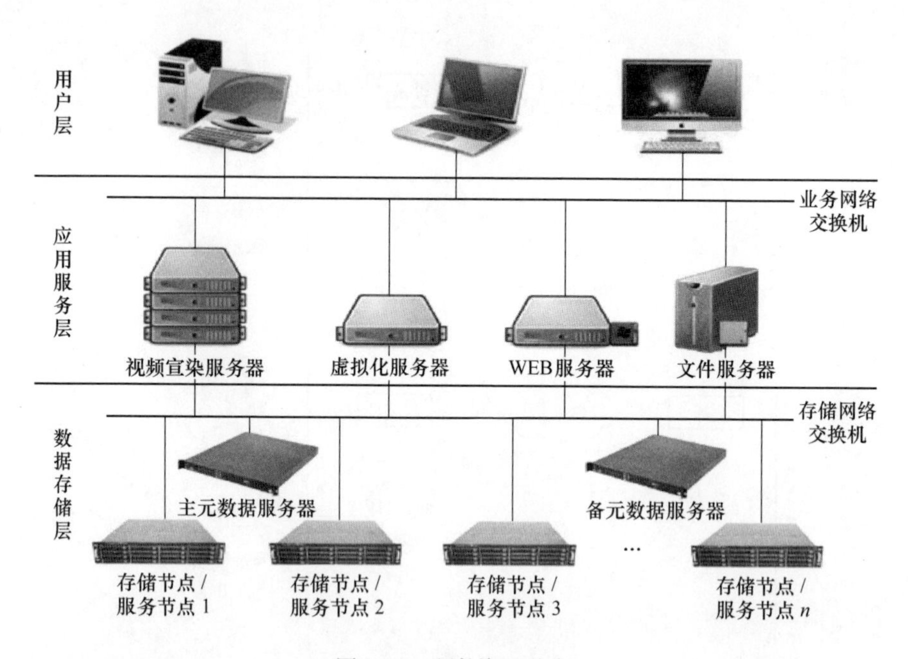

图 2-15 硬件资源共享

软件资源共享是指允许互联网上的用户远程访问各类大型数据库，用户可以得到网络文件传送服务、远地进程管理服务和远程文件访问服务等，这样就避免了软件研制上的重复劳动以及数据资源的重复存储，还便于对软件资源的集中管理。软件资源共享如图 2-16 所示。

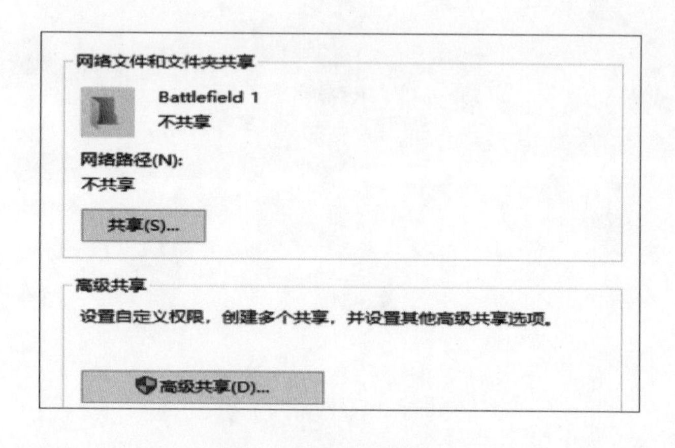

图 2-16 软件资源共享

数据资源共享包括共享数据库文件、数据库、办公文档资料、企业生产报表等。数据资源共享如图 2-17 所示。

图2-17　数据资源共享

通信信道资源共享是指电信号的传输介质的共享，是计算机网络中最重要的资源共享之一。通信信道资源共享如图2-18所示。

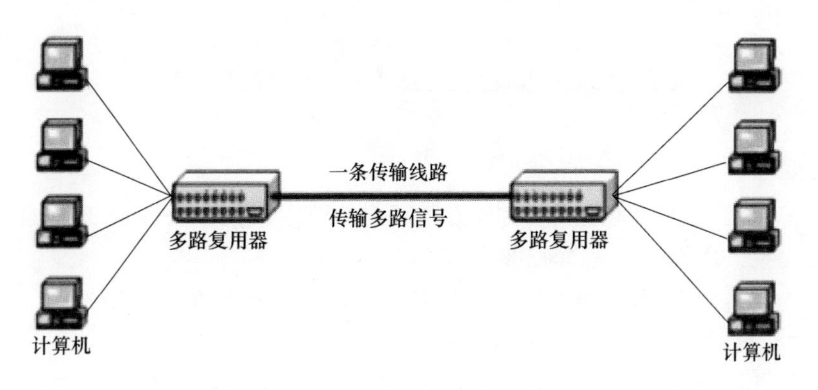

图2-18　通信信道资源共享

2.2.3　多媒体技术的发展

多媒体技术是指电脑程序中处理图形、图像、影音、声讯、动画等的应用技术。多媒体在计算机行业里有两种含义：一是指传播信息的载体，如语言、文字、图像、视频、音频等；二是指存储信息的载体，如ROM、RAM、磁带、磁盘、光盘等。目前，主要的载体有CD-ROM、VCD、网页等。多媒体是近几年才出现的新生事物，正在飞速发展和完善之中。

2.2.3.1　多媒体的发展

多媒体的英文单词是Multimedia，它由media和multi两部分组成。一般理解为多种媒体的综合。多媒体在计算机系统中，组合两种或两种以上的媒体，使用的媒体包括文字、图片、照片、声音、动画和影片等。

（1）早期的媒体。最初的人类无法用语言和文字交流，只是互相咿咿呀呀地叫，或是手舞足蹈的比划，但随着生产及生活的需要人类开始慢慢创造出了自己的语言和文字，还有一些约定俗成的肢体语言，包括手、脚、胳膊、腿、面部表情等。当时的生产力条件特原始，石器时代，谈不上什么多媒体，但那个时候创造原始的语言，以及原始的“文字”是一种媒体。原始文字如图 2-19 所示。

原則		舉			例					釋意
象形	a	人	女	子	口	鼻	目	(手)	止(足)	人體全部或一部
	b	馬	虎	犬	象	鹿	羊	蠶	龜	動物正像或旁像
	c	日	月	雨	(電)申	山	水	禾	木	自然物體符號
	d	壺	鬲	弓	矢	絲	冊	卜	兆	人工器物符號

图 2-19　原始文字

（2）语言与文字的形成。古埃及的圣书文字，成熟于公元前 3000 年，中国的甲骨文字，成熟于公元前 1300 年。

人类创造了青铜器、铁器等，“图像”上可以勾画简单的模拟地图，“声音”方面可以用号角等方式传播，传播范围加大。

到奴隶封建制时期，人们开始作画，以另一种方式为后世传递信息，从已知独幅的战国帛画算起，中国画至今已有 2000 余年的历史。此外，人们还在竹简上刻字，比早先的甲骨文有所进步。用帛或者动物皮画简单的地形图，还制造了编钟、鼓、古筝等乐器。从“图像”和“声音”上都有所继承和进步。

东汉和帝元兴元年（公元 105 年），蔡伦发明了造纸术。有了笔和纸，人们开始大量的创造，并可以将创造的事物记录延续。

（3）科技时代的媒体。随着生产力的继续发展，人们迎来了科技时代。1609 年，伽利略第一次使用望远镜进行天文观测，从此以后人类可以看得更远。第一个天文望远镜如图 2-20 所示。

1839 年 8 月，“达盖尔银版摄影术”由法国画家达盖尔发明，由此世界上第一台可携式木箱照相机诞生了。

1877 年，爱迪生发明了留声机。爱迪生发明的留声机如图 2-21 所示。

1874 年，法国的朱尔 · 让桑发明了一种摄影机，随着电子、电磁技术的发展，声音和图像可以实现更远距离的传输。

图2-20　第一个天文望远镜

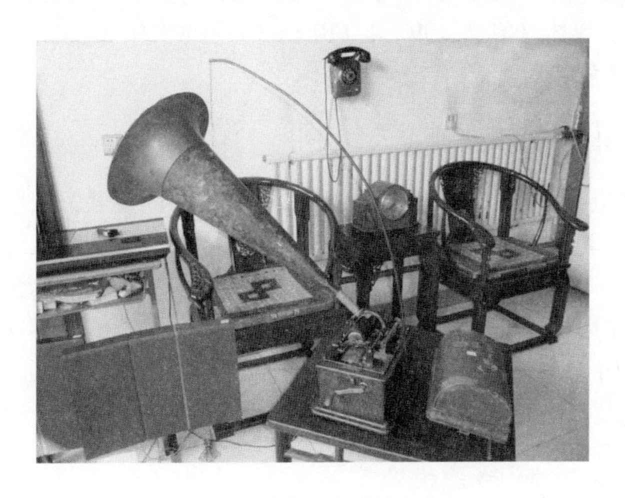

图2-21　爱迪生发明的留声机

1875年，安东尼奥·穆齐发明了电话。

1926年，贝尔德向英国报界作了一次播放和接收电视的表演。

1927~1929年，贝尔德通过电话电缆首次进行机电式电视试播；首次短波电视试验；英国广播公司开始长期连续播放电视节目。

1930年，实现电视图像和声音同时播放。

1931年，首次把影片搬上电视荧幕。人们在伦敦通过电视欣赏了英国著名的地方赛马会实况转播。美国发明了每秒钟可以映出25幅图像的电子管电视装置。

1936 年，英国广播公司采用贝尔德机电式电视广播，第一次播出了具有较高清晰度，步入实用阶段的电视图像。

1939 年，美国无线电公司开始播送全电子式电视。瑞士菲普发明第一台黑白电视投影机。

2.2.3.2 多媒体技术的发展及应用

1946 年 2 月 14 日，世界上第一台电脑 ENIAC 在美国宾夕法尼亚大学诞生。标志着计算机时代的来临，所有模拟信号向数字信号转换，并通过有线或者无限实现声音视频同步。

1986 年交互式紧凑光盘系统 CD-I 将多种媒体信息以数字化的形式，存储在 650MB 的只读光盘上，使用户可交互地读取光盘中的内容。1987 年交互式数字视频系统 DVIDVI 以计算机为基础，用光盘存储和检索图像、声音以及其他的信息。1989 年普及型 DVI 商品将该芯片装到 IBMPS/2 计算机上。1990 年 MPCLevel Ⅰ全世界的电脑制造商和软件发行厂商有了共同的遵循标准，也真正带动了 CD 出版物的流行。多媒体计算机 1991 年 FREEBSD、1993 年 MPCLevel Ⅱ，使人们能够在计算机上播放和欣赏 VCD 及动画。

2.2.4 CAI 在计算机基础课堂上大量使用

到了 20 世纪 90 年代，随着计算机及多媒体技术的发展，利用投影仪和一些 CAI 软件进行教学，已变成一种可行的、较好的教学方法。投影仪可以将命令、程序执行的效果实时、直观的展现出来，同时再配上教师的讲述，学生就可轻松地理解掌握教学内容，这种授课方式很大程度上提高了教师的讲课效率，这样教师可以将剩余用于与学生的互动，启发学生提出问题、分析问题、解决问题。CAI 在 90 年代被广泛使用在计算机基础教学中，收到了很好的效果。

2.2.4.1 课件的构成结构

一个好的 CAI 课件包含的主要元素有封面、目录、章、节、页或单元、课、页等，其中基本单元是页。

（1）封面。封面也叫片头，它是课件的首页，它的作用是使学生知道这是一个课程的开始。封面主要包括的项目有课件的名称、制作单位、版本号、各种标志以及必要的说明等。封面要求像书的封面一样，设计新颖，有创意，使使用者有焕然一新的感觉。

（2）目录。课件的目录是教学主要内容的体现，一般包括课件的标题、教学内容的题目等。因为目录部分是课件中使用频率最高的一项，往往在该部分有到达其他页的超链接，所以在设计本部分时，应该考虑画面的完整性和美观性，目录显示的同时，还可以伴有悦耳的背景音乐和讲解说明等。

（3）页面。页面指的是显示器显示的一屏教学信息。教学过程的实现及页面设计是CAI表达教学内容的基本单元。在页中含有多种教学媒体，如文本、图形、图像、动画、视频、声音、音乐等，同时还可以设置与其他页连接的跳转超链接等。

（4）封底。课件的结束页面是封底，它的目的是使学生明确这个课程已经结束。一般可以写上一些致谢词语，也可以写上制作者及授课教师的联系方式等。

2.2.4.2　课件的简单制作流程

因为多媒体课件是一种软件产品，因此它的设计、制作与发行过程，也必须按照软件工程的一系列规范来进行。但由于多媒体课件又是用于教学领域的一种特殊软件，因此它还必须符合教学规律，尽可能的发挥多媒体课件的优势，获得最大的教学效益。CAI课件的制作流程如图2-22所示。

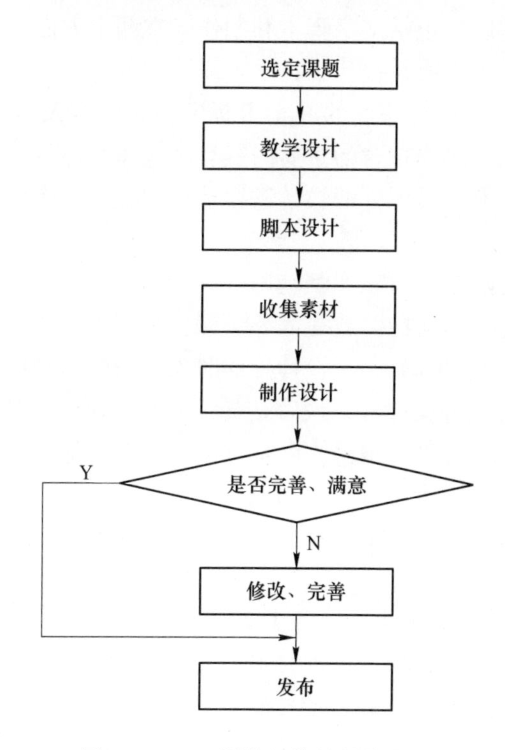

图2-22　CAI课件的简单制作流程

（1）选定课题。选择课件的课题是整个课件开发的第一步，由于多媒体课件制作过程比较繁琐，教师投入的工作量比较大，因此在制作之前，教师要充分做好选题论证工作，尽量避免由于更改课题而造成的不必要投入。选题应遵循的原则是有价值性，主题单一性和课题表现性。课题要选择那些学生难以理解及教师不易讲解清楚的重点和难点问题，特别是不宜用语言和板书表达的内容，而对于那些课堂上较易讲解的内容就没有必要采用多媒体课件教授的方式。

（2）教学设计。教学设计是课件制作中的重要环节，课件效果的好坏、课件是否符合教学需求，关键在于教学设计。课件设计者应根据教学目标和学习对象的特点，合理地选择和组织教学媒体和教学方法，依照教学目标，分析教学中的问题和需求，确定 CAI 解决问题有效的步骤。搞好教学设计是制作多媒体课件的前提，包含的主要内容有四点：一是选择相应的教学策略和教学资源，二是确定教学知识点的排列顺序，三是根据教学媒体设计适当的教学环境，四是安排教学信息与反馈呈现的内容及方式等。

（3）脚本设计。脚本也被称作为“稿本”，它在课件制作过程中所处的地位是从面向教学策略的设计到面向计算机软件实现的一个过渡，如果课件的制作中构思者和制作不是同一个人的情况下，它就是沟通课件的构思者和制作者的一个桥梁。多媒体课件的脚本包括文字脚本和制作脚本两个方面。

文字脚本是阐述课件要教授什么，学生需要学习什么，学生需要将知识点掌握到何等程度的文字。它与课件的教学目标、教学内容及教学的重点、难点有关。一般情况下，文字脚本包含的主要内容有多媒体课件的名称，该课程的教学目标及重点难点，还有就是课件的教学进程及运用了哪些媒体，并且应该说明本课件需要的学时。

文字脚本准备好后，就可以在其基础上进行制作脚本，制作脚本就是把教学进程具体化。在制作脚本之前，首先需要对课件进行整体构思，其次依据构思将主界面和各分界面分别设计好，在设计界面时需要将要用到的多媒体如文字、图形、解说、音频、视频等设计好，最后是要将这个界面的交互设计好。有的课件制作流程除了以上几点之外，根据实际情况的需要，可能还要对播放课件的时间进行规划以及添加配音或配乐等。总结以上介绍，可以看出一般制作脚本所包含的内容有界面布局情况，屏幕显示的内容、类别、时间，各界面的交互控制，配音和配乐。

授课教师在制作 CAI 课件的过程中会发现，脚本制作是整个课件制作的核心。一个课件的好坏主要取决于课件脚本的编写质量，如文字、声音、图像、动画、视频等各种要素要搭配合理，衔接要流畅、自然。需要注意的是并非各种媒体采用得越多，课件的教学效果就越好，初学制作课件的人员尤其要注意这一点。多媒体课件在课堂上的使用，应符合学生思维的递进性和教学的连贯性，在恰当的时候切入课件，这样的脚本既利于任课教师备课，操作演练课件，更利于课件制作者了解课件设计思路和使用流程，提高制作效率，顺利完成一个优秀的课件。

（4）收集素材。“巧妇难为无米之炊”，一个优秀课件制作的基础是有好的素材。只有好的课件素材才能制作出好的课件。因此，要求授课教师在平时就要养成收集素材的习惯，还需将收集到的素材进行分类保存，为备课件制作时使用。对于收集课件素材的方法主要有三种：

1）自己动手制作所需素材。

2）复制光盘上的有用素材。

3）从网上下载需要的素材。

素材收集完后，需要注意不同的素材要用不同的软件来制作或处理，比如简单图片的制作和处理可以在 Office 中完成，但对于复杂图形图像的处理就必须使用专业的图形处理软件了，如 Photoshop 等。

媒体素材选择的目的是为课件要达到的教学效果服务的，所以，制作者在选择课件所使用的媒体如图像、声音、动画、活动视频等时，要明确选择他们的目的是要用他们来表达学习内容及突出学习主题。因此，不能只顾追求时髦、好看和华丽等非主题因素而选择一些与实际教学无关的素材。切记，多媒体课件的每一个页面并不是千篇一律的都要有图形、图像、动画、声音等所有的媒体元素，而应从实际应用出发，遵循用则取，无用则舍的原则，这样就可以避免出现界面过于繁琐，使用起来也很不方便的情况，达到课件界面简洁、主题突出的好效果。

（5）制作设计。课件制作过程中在脚本设计、素材准备完成后，制作者就可以开始进行制作课件了，制作设计的步骤如下所示。

1）素材的选择与设计。多媒体课件的优势就是通过各种媒体的合理应用来达到刺激学生的各种感官，使学生能长效、形象地牢记知识，使学生能感性地掌握那些在现实中无法实现或没有条件实现的技能，并且能使学生形象、有趣地完成练习。由此可见，多媒体课件素材的选择应尽可能多地采用声音、视频、图像、动画等素材。

2）选择开发工具。多媒体课件的开发工具有很多，制作者可根据教学的需要和自身的擅长选择所需的开发工具，如 PowerPoint、FrontPage、Dreamweaver、AuthorWare、方正奥思、课件大师等，这些开发工具中使用频率最高的是 PowerPoint，其次 AuthorWare 爱好者也有很多。

PowerPoint 是 Office 办公软件中的一个，基本是办公电脑的必备，而且它还是一种易学易用，操作方法简单的软件。PowerPoint 以页为单位制作演示文稿，并且自动将制作好的页集成起来，形成一个完整的课件。如果制作者面临制作课件的时间不充裕，并且课件在结构上比较简单，使用 PowerPoint 能在较短时间内制作出幻灯片类型的课件，因此它具有较强的时效性。

AuthorWare 也是课件制作者用得较多的软件之一，交互功能非常强是它的最大特点，并且它可以把文字、符号、图形、图像、动画、声音、视频等媒体整合在一起，并能充分体现出多媒体的优势。图标为基本单位是 AuthorWare 的另一重要特点，图标是基于流程图的可视化多媒体设计方式，在这种设计方式下，课件设计中不需要进行复杂的编程，因此用它制作课件比较简单。

除以上介绍的两个工具外，Flash 的动画设计性能很强，也常被用作多媒体课件的制作。

3）制作多媒体课件。在多媒体课件的制作过程中，无论你选择了何种开发工具，多媒体课件的制作步骤基本相同，主要包括建立新文件，在其内部制作所需素材，导入或链接事先做好的各种多媒体素材，设计各种交互，打包或发表。

（6）制作课件应该遵循的原则。

1）课件的内容与形式的统一。由于多媒体课件的作用是用来辅助教学的，因此多媒体课件的教学内容一定要有针对性，既要有利于突出教学中的重点，还要突破教学中的难点。好的课件不仅要符合教学原则和学生的认知规律，而且在内容组织上要清楚，对问题的阐述要有较强的演示逻辑性，为了达到课件的教学目的制作者可以通过新颖的表现手法，优美的画面，鲜明和谐的色彩以及恰当的运用动画和特技来调动学生学习的积极性和主动性，启发学生的思维，但这个过程中需要注意表现形式不要过于夸张，华而不实的特效会喧宾夺主，影响学生注意力。

2）课件中应该注重学生和教师的参与性。在课件制作过程中，制作者应该注意，不要将课件的全程都放在课件的播放过程中，需要在课件中留下一定的空间，这些空间是留给教师和学生的，使他们参与进来，给他们留有互动的空间，这样学生就可以针对课件中难点及重点提出自己的观点，并进行讨论和思考。这种预留空间的方式能提高学生的学习兴趣和学习热情，使得学生自主融入到教学当中去，提高了教学效率。否则整堂课如果都是计算机唱主角，就像电影院放电影一样，没有经过学生的思考便将教学重点及难点展现出来，这样不利于学生思维能力和创新能力的培养，课件的制作也就失去了其本身的意义。

3）注意课件的技术性。由于多媒体课件的制作需要制作者掌握一定的计算机基础知识，但由于许多一线老师的计算机操作水平不是很高，因此为了保障课件的技术性，这部分教师应该选择操作简单的课件开发工具。

（7）课件的测试修改。当一个多媒体课件制作完成后，为了保证课件的效果，需要对其进行测试和修改。测试修改课件的主要方式是在课件真正进入到课堂之前，组织专家组进行预演，将在预演过程中发现的问题进行修改，将课件不断地完善，直到达到最好的教学辅助效果。

（8）课件发布。精美的课件经过以上的各个流程制作完成后，除制作者自己使用外，还可以将其推广和发行。课件制作者可以将自己的课件进行发布，发布课件可以通过磁盘、光盘和网络三个方面。制作者需要注意的一点是，多媒体课件制作完成和后期投入，并不代表制作者的任务已全部完成，因为在多媒体课件的使用过程中还会发现其存在的一些问题，需要制作者进一步对其多次修改和善后，这样才能使多媒体课件更加适合教学的要求，真正达到实用好用之目的。

2.2.4.3 课件制作的注意事项

（1）多媒体课件在制作过程中必须严格遵循多媒体课件制作流程，不能图省力、快捷而省略必要步骤，这样会造成大量返工现象，反而造成浪费更多的时间、精力及费用。

（2）多媒体课件制作者需要注意，课件不是教材的翻版，它是一个具有丰富、准确科学内容的艺术形式作品。课件脚本要求科学严谨、重点突出、表现自然、逻辑思维清晰、发人深省、有张有弛、融会贯通，它应是传统教学的一个飞跃。设计时应充分发挥多媒体的特征，以表达新颖的教学思路和新的创意。

（3）课件的设计思路应该以简要明快、功能齐全为基调，它除了具有良好的交互性外，还应考虑具有直观性，使用简便等特点，这样的课件学习者不需学习就可使用该软件。

（4）多媒体课件制作过程中，需要注意课件制作中的灵魂是页面的创意。页面的创意的难度较高，好的页面创意需要制作者有较高的审美意识及美术功底，这样既能达到页面的美观又能充分突出主题。

（5）在多媒体课件制作过程中，视频是课件中不可缺少的一部分，它也是课件制作中的难点。应为影像制作要求制作者除了掌握摄录编基础知识外，还应掌握影像的采集、编辑，影像特技的制作。由于影像占用的空间较大，影像所选择的格式也是需要考虑的问题，影像量大时可考虑使用 MPEG4、RM、asf、wmv 等流媒体视频格式，它们有极高的压缩比。

（6）在多媒体课件制作过程中，当碰到影像无法表达时，动画的制作就显得更为重要。动画不仅可以使页面显得活泼生动，而且制作过程比起影像制作要简单得多，常用的动画制作软件有 gif、flash、3D 动画等。

（7）“一个好汉三个帮”，在多媒体课件的制作过程中要意识到集体合作的重要性。好的软件不是一人能在短时间内完成的，制作群概念的提出就是提倡集体合作精神。在制作群中只有每个人都能发挥自己的特长，才能使课件整体制作水平达到一个高水平的境界，这样才能诞生出优秀的多媒体课件。

2.2.5 20世纪90年代高校计算机基础教学情况

到了20世纪90年代，信息技术继续快速发展，信息社会进程继续突飞猛进，信息技术正改变着人们的生活、工作、学习、思维方式和价值观等，计算机基础教育正面临着新的发展机遇和挑战。大量的事实证明，计算机基础教育发展应该是进一步同其他各个学科专业交叉与融合，进一步要求提高学生利用信息技术解决专业领域问题的能力。

2.2.5.1 20世纪90年代计算机基础教学存在的主要问题

我国高等学校非计算机专业的计算机基础教育开始于20世纪70年代末，20世纪90年代进入普及阶段，高校的计算机基础教学改革工作虽然有了很大进步，但也存在一定的问题。

（1）大学计算机基础的教学内容逐渐陈旧。在20世纪90年代，各高校的非计算机专业开设的《计算机基础》课程一般都是大一的两个学期，第一学期教学内容是计算机基础知识部分，其中包括的有计算机软件、计算机硬件基础以及操作系统DOS或Windows，还有就是字表处理软件；第二学期主要是计算机语言的讲授，如FOXBASE，对于计算机应用软件的讲解，只有部分高校开设了，并且只是讲授简单的操作过程，没有更深程度的讲解。在90年代，大一计算机基础课程两个学期的教学内容的共性都是建立在DOS操作系统之上的应用，这些对于计算机技术相对落后的90年代初来说，具有一定的基础性、应用性和实用性[4]，然而，到了90年代末，随着计算机软硬件的发展，《计算机基础》的授课内容就显得十分落后了。

（2）大学计算机基础教学方式、方法已经落后。到了90年代，计算基础的教学方法仍然是传统的教学模式，由教师向学生“满堂灌”，教学手段还是“黑板+粉笔”。这种教学方式的结果是虽然教师每堂课都要在黑板上费力地讲命令的格式、语句的功能、操作的方法，但由于缺乏直观性和实效性，学生总是感到抽象难懂、不能很好掌握，长此以往，使得那些原本对计算机有很大兴趣的学生也由于难学而渐渐失去了积极性和主动性。这种传统“人工”教学方式与计算机技术的特点形成了强烈的反差[4]。

（3）计算机基础的上机实验缺乏科学管理。20世纪90年代，由于经济等客观原因及计算机基础课程不被重视等主观原因，造成高校计算机基础课程中对上机实验的不重视的普遍现象，并且实验课缺乏科学的管理办法。计算机基础上机实验的题目一般都是随意指定，没有事先规划好的练习系统，也没有严格的实验要求，实验课教师对学生实验的指导也不到位[4]，使学生的上机实验收获很小。

2.2.5.2 教学改革

在20世纪90年代，教育部高等学校教学指导委员会为了对计算机教学工作现状有一个比较具体的了解，在1997年对我国高校中的理工科学校进行了一次关于计算机教学情况的调查，该项调查的具体内容是与计算机教学有关的几个方面，如计算机基础教学机构设置，计算机基础教师队伍的构成情况以及教师队伍的变动情况，其中还包括计算机基础教学的实验室和学生上机环境建设的情况。依据调查的结果对相应数据进行汇总分析，将其作为下一步教改的依据。在此基础上，高教司［1997］155号文件下发的《工科非计算机专业计算机基础教学指南》和《加强工科非计算机专业计算机基础教学工作的几点意见》，两个文件的下发，对计算机基础教学起到了交流作用和促进作用，因此，将我国的计算机基础教学的水平提高了。

在教育部高教司发布《加强非计算机专业基础教学工作的几点意见》(155号文件）中，首次确立了计算机基础教育的基础课地位，提出了计算机基础教育的“计算机文化基础—计算机技术基础—计算机应用基础”的三个层次课程体系，同时规划了“计算机文化基础”“程序设计语言”“计算机软件技术基础”“计算机硬件技术基础”和“数据库应用基础”等五门课程及其教学基本要求，提出了计算机基础教学的手段、方法，改革的要求及建立计算机基础教育的教学组织和教学条件建设的建议[5,7~9]。

（1）教学内容的改革。20世纪90年代计算机基础的教学目标为两个掌握和三个能力，两个掌握指的是使学生掌握计算机的基本知识和基本技能，掌握新的程序设计和数据库技术，三个技能指的是培养学生自学计算机技术的能力，培养学生自觉利用计算机去分析问题和解决问题的意识和培养学生结合专业开发应用系统的能力。围绕两个掌握和三个能力的教学目标，提出了一个三层次的教学体系[4]。

1）计算机文化基础是第一层次。随着计算机和网络的发展，人类进入了信息社会，在信息社会中，人们的工作、学习及生活方式都发生了改变，如人们不用再去起早挤公交就可以在家完成本应在单位做的工作和应在课堂完成的学习，热爱购物的人也可在家进行网上购物等。为了适应信息时代的这种模式，计算机基础的第一层次的教学目的就是使学生掌握计算机的基本知识和技能，使他们可以在信息时代里更好地学习、工作和生活。

2）计算机信息技术基础是第二层次。随着信息时代的来临，各个企事业单位为了提高工作效率及市场竞争力，基本都构建自己的信息网，通过自己的信息网来掌握和管理本单位的相关信息资源。这种情况的出现，对计算机基础教学提出了更高的要求，作为高校，培养出人才为了适应企事业的需要，应该使学生具备一定的信息处理能力。因此，计算机基础教学的第二层次的教学目标就是让学生掌握一定的先进信息管理技术和一定的程序设计技术，并且使得培养的学生具有利用计算机思维和计算机程序设计方法去分析问题、解决问题的能力。

3）计算机应用基础是第三层次。计算机基础第三层次的教学目标是在前两个目标实现后，学生已具备了计算机基础的基本知识并能应用一定计算机语言完成具有一定目的的计算机程序设计，之后将所学计算机知识和本专业相结合，去开发与本专业相关的计算机应用系统，换句换说，本层次的教学目标就是激发学生利用计算机技术从事与本专业相关的科研活动。

计算机基础教学的三个层次如图2-23所示。

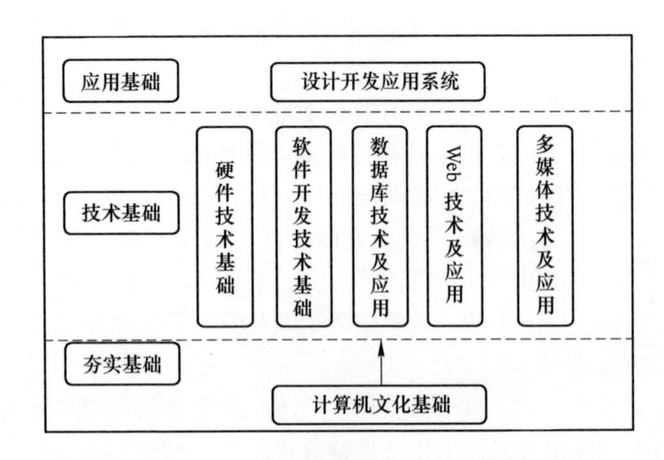

图2-23 计算机基础教学的三个层次

计算机基础经过计算机文化基础、计算机信息技术基础和计算机应用基础三个发展阶段的发展，计算机基础教学的形态已经基本形成并相对完善。

（2）教学方法改革。在20世纪90年代，DOS的命令界面已被窗口图形界面取代，计算机基础教学如果仍采用传统的粉笔加黑板教学方法，是无法讲清图形界面的操作系统以及建立在其上的软件和技术，对于个别有条件的高校将教学转移到实验室里进行，这种教学方式虽然比较直观形象，但高校现有的实验室设计不便组织教学[4]。因此，需要对计算机基础教学方法进行改革。

1）计算机网络教学。在20世纪90年代，计算机网络已逐步发展起来，利用计算机网络进行教学在20世纪90年代是一种正在研究的教学方法，而且部分有条件的高校将计算机基础课程移到网络教室中进行授课，通过一段时间的实践，网络教学取得不错的教学效果。

2）案例教学的应用。案例教学是一种通过模拟或者重现现实生活中的一些场景，让学生把自己纳入案例场景，通过讨论或者研讨来进行学习的一种教学方法，主要用在管理学、法学等学科，如今也广泛应用在计算机基础教学中。

3）分层次教学法的应用。20世纪90年代，随着社会信息化的不断纵深发展，信息技术基础教育的起点已由大学过渡到中小学阶段，高校新生计算机知识的起点有显著提高，为提高大学计算机基础水平提供了有利条件，也为此阶段的教学提出了新的课题。为了适应新的形势，对大学计算机基础课程进行分层次教学改革势在必行。

“分层次”教学是在实施素质教育中探索出来的一种新的教学方法。“分层次”教学思想，源于孔子提出的“因材施教”。“分层次”教学是在班级授课制下按学生实际学习程度施教的一种重要手段。

这种方法主要是根据教学总体目标，将不同的教学对象，按相关影响因素分成若干不同的教学层次，并对不同的教学层次提出相应的教学目标和要求，并通过应用不同的教学手段、训练方法和评测方法，力求达到完成教学的最终目标。“分层次”教学也叫多层次教学，是把集体、分组、个别教学三者结合起来，扬长避短。这种教学方法有利于充分调动学生学习计算机科学的积极性，有利于教师提高教学的针对性。

2.2.5.3 计算机基础教师业务培训

20世纪90年代，在教育部高等教育司的领导下，“教育部高等学校教学指导委员会”积极开展各项工作，努力推动我国计算机基础教学的改革和建设。“教育部高等学校教学指导委员会”的委员来自全国15所大学，多数委员工作在计算机教学和管理的第一线，具有丰富的经验。每次“教育部高等学校教学指导委员会”会议均集中讨论计算机基础教学课程体系与教学内容改革，教学模式、方法与手段的改革。

“教育部高等学校教学指导委员会”认为，对全国高校计算机基础课教师进行技术培训，这是推动教学改革的关键措施之一，应该把它作为每届“教育部高等学校教学指导委员会”的一项重要工作。1997年“教育部高等学校教学指导委员会”在与各大计算机公司广泛接触的基础上，首先与微软公司达成协议，依托“微软”在各地的技术培训中心，面向全国高校计算机基础课教师，实施微软系列软件的技术培训。第一期试点培训班在清华培训点举行，第二期培训班在全国全面铺开，共培训计算机基础教学第一线的教师600多名。通过培训，广大教师学习了从微机到服务器上的各种典型软件，了解到当前计算机软件应用与开发技术的最新发展，开阔了眼界。1998年的教师培训工作是“教育部高等学校教学指导委员会”和上海华东理工大学联合举办的“98暑期工科计算机基础教学成果讲习班”。各校教师在学习和研讨教育部关于计算机基础教学改革的有关文件的基础上，交流各校教学改革的经验，包括教学内容、教学方法和教学手段的改革，交流了CAI、教材建设和教师队伍建设等方面的成功经验。为了使计算机基础课教师培训工作制度化正规化，“教育部高等学校教学指导委员会”依托北方交大（现为北京交通大学），积极筹建计算机基础课教师培训中心。同时也将把该中心建设成“教育部高等学校教学指导委员会”的信息中心，成为联系广大教师的桥梁。

2.3 21世纪初计算机基础教学发展情况

自从进入21世纪以来，计算机技术的发展日新月异，随着网络及多媒体技术的发展，计算机基础涉及的方面越来越广，20世纪计算机基础的知识已远远不能满足人们对计算机发展的需求。

2.3.1 个人计算机的普及

从1946年第一台电子计算机诞生，到1981年第一台微型计算机的出现，再到进入21世纪，PC经历了飞速的发展，PC价格从几万元人民币到几千元人民币，PC从科研机构走进课堂，从课堂走向千家万户。计算机在中国的普及经历了三次大浪潮。

（1）第一次计算机普及高潮出现在20世纪的80年代。80年代初在我国掀起了第一次计算机普及高潮，1981年，中央电视台、中国电子学会计算机普及委员会和中央电大联合举办计算机知识普及讲座[23]，向全国讲授BASIC语言，当年收看人数超过100万人，次年起年年重播，收看人数超过300万人[26]。在占世界人口1/5的国度里掀起这样规模壮阔的群众性的普及计算机知识的活动，不仅对中国而且对世界都是一件具有深远意义的大事[23]。

在第一次计算机普及高潮中，普及的对象主要是以下三种人：一是大学中非计算机专业的师生；二是部分在职科技人员和管理人员；三是大城市中的部分中学生。普及的内容偏重于计算机知识，尤其是计算机高级语言。通过十年的努力，已经在大学的所有专业普遍开设了计算机课程，结束了大学毕业生仍然属于“计算机盲”的历史。计算机知识成为当代知识分子知识结构中不可缺少的重要组成部分。根据当时的条件，普及的内容主要是计算机高级语言。

（2）20世纪90年代出现第二次计算机普及高潮。从90年代初，在我国掀起了全国性的第二次计算机普及高潮。如果说第一次高潮的普及对象主要是具有大学以上文化程度的知识分子，那么第二次高潮的对象已扩展到广大公务人员、企业管理人员以及具有高中以上文化程度的一般知识分子，包括所有机关、团体、学校、企业中的人员。涉及的对象范围比第一次计算机普及高潮广泛得多。这次普及带有职业和岗位的特点，应用计算机的能力成为人们求职的重要条件，各地各部门都制定了对工作人员在晋升职务、职称和工作考核中在计算机方面的要求，并要求通过相应的计算机等级考试。普及的内容主要是文字处理以及常用的一些应用软件。经过第二次计算机普及高潮，我国在计算机应用领域缩小了和发达国家的差距。

（3）新世纪初出现新的计算机普及第三次高潮。进入21世纪，人们已经清楚地看到在我国已开始出现了一次新的计算机普及高潮。这次高潮普及的对象是一切有文化的人。

随着国民经济的发展，国家实力的增强，我国家庭拥有电脑的比率逐年提高，2000～2007年世界各国电脑拥有量见表2-3。

表2-3 2000～2007年世界各国电脑拥有量 （单位：台/千人）

国家和地区	CountryorArea	2000年	2003年	2004年	2005年	2006年	2007年
世界	World	79.90	79.58	114.71	127.46	153.14	
高收入国家	HighIncome	375.32	395.81	557.89	605.51	674.26	
中等收入国家	MiddleIncome	20.62	37.60	43.23	50.44	56.16	
低收入国家	LowIncome	3.41	7.71	11.29	16.03		
中国	China	16.31	39.13	40.88	48.72	56.53	
中国香港	HongKong，China	401.65	559.56	617.30	612.40	653.66	685.74
中国澳门	Macao，China	158.77	250.99	283.36	328.12	384.07	
孟加拉国	Bangladesh	1.42	7.08	10.95	14.69	22.51	
文莱	BruneiDarussalam	68.97	81.10	84.77	88.28		
柬埔寨	Cambodia	1.17	2.37	2.77	3.15	3.38	3.60
印度	India	4.53	8.81	12.07	15.53	27.85	32.90
印度尼西亚	Indonesia	10.18	12.85	13.89	14.89	20.22	
伊朗	Iran	62.56	89.49	107.93		105.86	
以色列	Israel	252.82	242.16				
日本	Japan	315.28	407.23				
韩国	Korea，Rep.	396.00	506.65	517.44	533.57	540.85	575.50
老挝	Laos	2.59	3.51	3.80	17.01		
马来西亚	Malaysia	94.53	169.85	194.51	218.30	231.30	
蒙古	Mongolia	13.34	76.63	124.07	133.12	139.32	
缅甸	Myanmar	2.18	6.36	6.83	8.34	9.30	
巴基斯坦	Pakistan	4.27					
菲律宾	Philippines	19.05	34.57	43.90	52.88	72.33	
新加坡	Singapore	481.89	617.28	659.99	693.89	722.50	743.15
斯里兰卡	SriLanka	7.21	16.88	27.21	37.32		
泰国	Thailand	27.49	46.87	56.93	66.84		
越南	VietNam	7.73	19.90	40.45	69.93	96.49	
埃及	Egypt	11.40	26.92	30.38	34.99	40.20	45.97
尼日利亚	Nigeria	6.01	6.39	6.28	8.49		
南非	SouthAfrica	65.91	76.70	80.69	84.58		

续表 2-3

国家和地区	CountryorArea	2000 年	2003 年	2004 年	2005 年	2006 年	2007 年
加拿大	Canada	419. 24	520. 43	699. 80	875. 68	943. 37	
墨西哥	Mexico	58. 18	98. 99	109. 85	135. 80	143. 92	
美国	UnitedStates	570. 57		764. 14	779. 53	806. 07	
阿根廷	Argentina	69. 38	81. 57	83. 40	90. 33		
巴西	Brazil	48. 80	86. 20	130. 53	161. 23		
委内瑞拉	Venezuela	45. 25	70. 69	82. 10	93. 13		
捷克	CzechRep.	121. 67	205. 73	239. 82	273. 55		
法国	France	304. 27	415. 59	495. 69	574. 97	651. 97	
德国	Germany	336. 21	484. 61	545. 35	606. 29	655. 53	
意大利	Italy	180. 86	268. 73	311. 99	366. 61		
荷兰	Netherlands	395. 59	510. 13	682. 36	854. 36	911. 53	
波兰	Poland	69. 43	143. 44	118. 37	140. 08	169. 27	
俄罗斯联邦	RussianFed.	63. 57	89. 90	104. 28	121. 55	133. 33	
西班牙	Spain	173. 86	222. 50	256. 65	276. 51	362. 68	393. 06
土耳其	Turkey	37. 62	48. 07	52. 71	57. 23	61. 04	
乌克兰	Ukraine	18. 10	23. 49	27. 97	38. 42	45. 34	
英国	UnitedKingdom	342. 83	438. 50	599. 37	758. 12	801. 92	
澳大利亚	Australia	469. 90	603. 15				
新西兰	NewZealand	357. 72	439. 76	470. 70	502. 43	525. 74	

随着计算机走入家庭，人们对计算机不再陌生，这对计算机基础教学提出了新的挑战，如何上好这门课才能做到真正的普及。

2. 3. 2 互联网的飞速发展

中国互联网是全球第一大网。网民人数最多，联网区域最广。

2. 3. 2. 1 互联网的发展历程

1986 年 8 月 25 日，瑞士日内瓦时间 4 点 11 分，北京时间 11 点 11 分，由当时任高能物理所 ALEPH 组组长的吴为民，从北京发给 ALEPH 的领导[29]诺贝尔奖获得者斯坦伯格的电子邮件是中国第一封国际电子邮件。

1989 年 8 月，中国科学院承担了国家计委立项的“中关村教育与科研示范网络”的建设。

1989 年，中国开始建设互联网第一个 5 年目标，目标是建设国家级四大骨干网络联网。

1991年，在中美高能物理年会上，美方提出把中国纳入互联网络的合作计划。

1994年4月，NCFC率先与美国NSFNET直接互联，实现了中国与Internet全功能网络连接，标志着我国最早的国际互联网络的诞生。中国科技网成为中国最早的国际互联网络。

1994年，中国第一个全国性TCP/IP互联网CERNET示范网工程建成，并于同年先后建成。

1994年，中国教育与科研计算机网、中国科学技术网、中国金桥信息网和中国公用计算机互联网。

1994年，中国终于获准加入互联网并在同年5月完成全部中国联网工作。

1995年，张树新创立首家互联网服务供应商，百姓进入互联网。

1998年，CERNET研究者在中国首次搭建IPV6试验床。

2000年，中国三大门户网站搜狐、新浪、网易在美国纳斯达克挂牌上市。

2001年，下一代互联网地区试验网在北京建成验收。

2002年，第二季度，搜狐率先宣布盈利，宣布互联网的春天已经来临。

2003年，下一代互联网示范工程CNGI项目开始实施。

2.3.2.2 历年中国网民数量统计

（1）1997~2002年网民数量统计。到2002年10月，我国网民已达5800万人，见表2-4。

表2-4 1997~2002年网民数量统计

网民数量统计（1997~2002年）											
年/月	1997/10	1998/6	1998/12	1999/6	1999/12	2000/6	2000/12	2001/6	2001/12	2002/6	2002/10
数量/万人	62	117.5	210	400	890	1690	2250	2650	3370	4580	5800

（2）2004~2010年网民数量统计。到2010年我国网民人数已达4亿多人，见表2-5。

表2-5 2004~2010年我国网民数量统计

年/月	2004/12	2005/6	2005/12	2006/6	2006/12	2007/6	2007/12	2008/12	2009/12	2010
数量/亿人	0.94	1.03	1.11	1.23	1.37	1.62	2.10	2.7	3.84	>4

（3）1997~2009年网民数量增长图。从1999~2009年我国的网民数量逐年增加，但增长率却在逐年降低，说明网络已在我国普及。1997~2009年的网民数量及增长率的折线图如图2-24所示。2012~2017年的网民数量及增长率的柱形图如图2-25所示。

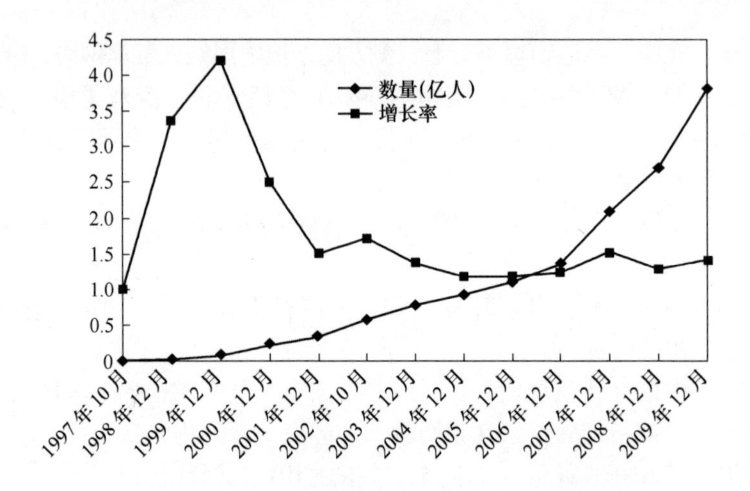

图 2-24 1997～2009 年的网民数量及增长率的折线图

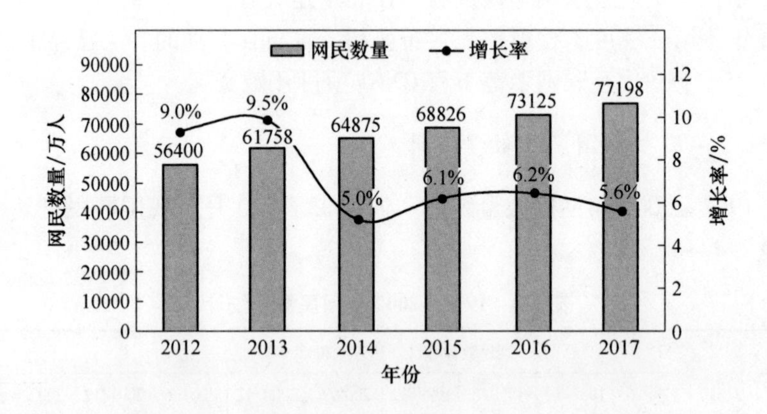

图 2-25 2012～2017 年的网民数量及增长率的柱形图

2.3.2.3 互联网飞速发展下计算机基础教学改革研究

随着互联网的发展，互联网的应用渗透到人们生活的各个方面，尤其在教育方面，人们可以通过互联网学习自己想要的各学科知识。计算机基础教学在互联网模式下，应该充分发挥互联网的优势，结合学科特点将各种形式的多媒体技术进行有机整合，从互联网中获得丰富的教学资源，为计算机基础教学提供更好的保障。在当前形势下，创设网络教学模式下的计算机基础教学已成为时代发展的必然趋势。

在互联网教学模式下，借助互联网资源以课外辅导的形式进行学习，这种方式不会占用正常上课时间，当计算机基础教师在课堂时间有没有完成的教学任务或需要给学生预留下次课的预习内容时，可以借助网络教学平台，实现课堂教学的延续和预习。计算机基础课教师可以将教学课件、电子大纲、教学素材、参考资料等上传到网络教学平台供学生下载学习，还可以借助网络教学平台进行相关问题的答疑辅导活动。牡丹江师范学院的网络教学平台如图2-26所示。

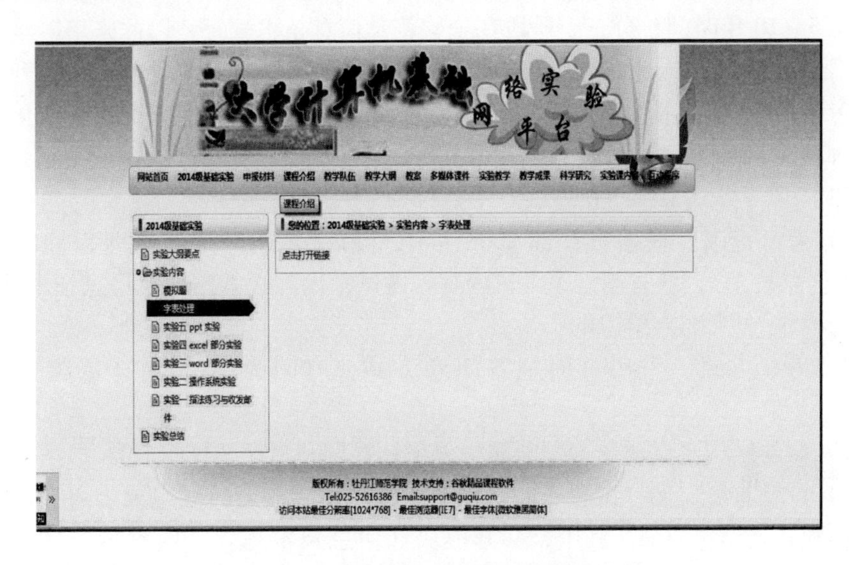

图2-26 牡丹江师范学院的网络教学平台

（1）传统教学与网络教学相结合的模式。有了网络教学模式并不是要完全舍弃传统的教学模式，如在进行计算机基础理论教授的教学环节中，有一部分知识点就需要教师使用传统教学方法进行面授，在面授的过程中，可以合理借助网络教学平台作为辅助教学手段，以提高课堂的教学效果。计算机基础课中的另一部分知识点可由学生通过网络教学平台进行自主学习。传统教学与网络教学相组合的这种模式需要授课教师在授课之前按课程内容和特点进行筛选，有效地区分出哪些知识点需要进行当面讲授，哪些知识点学生自学就可以掌握。

（2）完全的网络教学模式。完全的网络教学模式是指课程的大部分教学过程都是在网上进行的，其中包括教材内容的教学、相关的答疑辅导活动甚至是阶段测评考试[13]。此种教学模式是建立在WEB服务基础上的，其中WEB属于一种高级信息检索技术，其可以将各种形式的多媒体数据统一组织到超文本文件中，方便学习者自行浏览和下载[13]。完全的网络教学模式突破了时空的界限，有利于使学生获得全方位的指导。在网络教学模式下，学生也可以通过电子邮件或是论坛与教师建立有效的网络通信，进行与课程相关问题和意见的沟通和探讨，授课教师也可以借助此种方法进行作业的批改[13]。

2.3.3 高中信息技术课程参加会考

教育部于2000年10月25日在北京召开了“全国中小学信息技术教育工作会议”，将《信息技术》课程列为我国中小学的必修课，并将从2001年至2010年，用5~10年时间，分三个阶段在全国普及信息技术教育，以此来培养学生的信息素质[28]。从进入到21世纪开始，我国各省陆续将《信息技术》课程列入高中会考科目，《信息技术》课程会考经历了两个阶段，分别为笔试和无纸化机考两个阶段。

（1）会考方式采用闭卷笔试。

1）考试范围。根据教育部2003年颁布的《普通高中技术课程标准（实验）》(信息技术)，各省制定了考试内容，考试范围为必修模块（信息技术基础）和必选模块（网络技术应用）。

2）考试方式。采用书面笔答闭卷方式，时间为90分钟，试题分数为100分。

3）试卷结构。试题分为判断题、单项选择题和多项选择题三类。

4）试题难度比例。试卷由容易题、中等难度题和较难题组成，内容包括必修模块和必选模块内容。其中，必修模块（信息技术基础）内容约占60%，必选模块（网络技术应用）内容约占40%。

5）考试要求。考试在不同内容上分别对学生提出了A、B、C三类不同层次的要求。

A：对应于了解层次与模仿层次；

B：对应于理解层次与独立操作层次；

C：对应于迁移应用层次与熟练操作层次。

基础考点见表2-6~表2-8。

表2-6 信息技术基础考点（1）

内容		考试要求
信息获取	了解信息的基本概念和基本特征	A
	了解信息技术的应用与影响	A
	信息获取，知道获取信息的过程与方法	A
	掌握获取网络信息的策略与技巧	B
	能够鉴别与评价信息	B
信息资源管理	能够操作数据库	B
	能够建立数据库	B
	了解使用数据库管理信息的基本思想与方法	A

续表 2-6

内　容		考试要求
信息技术与社会	了解信息技术对社会发展、科技进步以及个人生活和学习的影响	A
	了解信息安全及维护	A
	了解计算机犯罪的危害性，养成安全的信息活动习惯	B
	掌握病毒防范、信息保护的基本方法	B
	自觉遵守与信息活动相关的法律法规	C
	认识网络使用规范和有关伦理道德的基本内涵	C
	能够识别并抵制不良信息	C
	树立网络交流中的安全意识	C

表 2-7　信息技术基础考点（2）

内　容			考试要求
信息加工与表达	文本信息的加工与表达	了解常见文本类型	
		掌握常见文本信息的加工与表达	
		学会报刊类文本信息的加工与表达	
	表格信息的加工与表达	掌握表格的建立	
		掌握用数值计算分析数据	
		能够利用图表呈现分析结果	
	多媒体信息的加工与表达	了解制作多媒体作品的基本过程	
		学会规划与设计多媒体作品	
		能够采集与加工素材	
		能够集成多媒体作品	
	编制计算机程序解决问题	认识计算机与程序	
		体验程序的作用及其编制环境	
		认识程序中的基本元素	
		剖析编制计算机程序解决问题的过程	
	用智能工具处理信息	了解用智能工具处理信息	
	信息的发布与交流	了解信息发布的方式	
		能够在网上规范地发布和评价信息	
		能够进行信息的交流	
	认识信息资源管理		
	能够使用数据库管理信息		

表 2-8 网络技术应用考点

内　容		目标层次
因特网应用	了解因特网上的信息资源	A
	能够在因特网上进行信息检索	B
	能够在因特网上进行信息交流	B
	了解因特网上的多媒体技术	A
网络技术基础	能够接入因特网	
	认识 IP 地址及其管理	
	认识网络域名及其管理	
	认识计算机网络，认识计算机网络的体系结构	
	了解网络中的数据通信、网络协议和连接设备	
网络设计与评价	能够规划与设计网站	
	能够设计、制作与美化网页	
	能够发布网站，并对网站进行管理与评价	
	能够制作动态网页	
	了解网络安全，学会网络安全的防护技术	

(2) 无纸化机考。考试内容如下：

1) 信息技术基础模块。“信息技术基础”模块为必修模块，也是作为普通高中学习内容与义务阶段学习内容相衔接的信息技术学科教学的基础模块，是培养学生信息素养的基础，是学习后续模块的前提。通过本模块的学习，学生应该掌握信息的获取、加工、管理、表达与传递的基本方法。该部分模块的软件环境是 Microsoft Office。信息技术基础模块方面的知识点，见表 2-9 ~ 表 2-12。

表 2-9 信息获取方面的知识点

信息获取	了解信息的基本概念
	能描述信息的基本特征
	能描述信息技术的发展历史和发展趋势
	了解获取信息的有效途径
	知道信息来源的多样性

续表 2-9

信息获取	知道信息来源多样性的实际意义
	能根据具体问题，确定信息需求
	能根据具体问题，选择信息来源
	了解计算机、相机、摄像机、扫描仪、麦克风、录音机等常用的采集信息工具的特点和用途
	知道通过专题网站获取信息的优势
	能运用专题网站获取信息
	了解搜索引擎的分类方法及特点
	能运用搜索引擎网站获取信息
	熟练掌握从网页上下载信息的方法
	了解域名的组成
	了解计算机系统的基本组成
	能描述计算机基本硬件设备的名称及用途
	了解计算机软件的分类方法及用途
	知道二进制数的特点及存储单位
	能合法地获取和使用网上信息掌握信息价值评价的基本方法
	熟练掌握使用域名登录网站和浏览网页的方法
	了解电子邮箱的格式
	熟练掌握通过浏览器收发电子邮件的方法
	了解冯·诺依曼计算机的组成及各部件的名称
	了解信息编码的方法
	了解信息载体形式及名称
	知道 Windows、Linux、Dos、Unix、Android，苹果操作系统（Macos、Apple Ios）等常用的操作系统名称及特点
	了解信息在计算机中的存储方式
	了解 Windows 操作系统中关于磁盘、文件、文件夹的概念及基本操作方法
	能区分内存储器和外存储器

表 2-10 信息加工与表达方面的知识点

信息加工与表达	熟练掌握文字处理工具软件（Word）的基本操作方法
	能根据任务需求，选择、使用文字处理工具软件加工信息，表达意图
	熟练掌握图表处理工具软件（Excel）的基本操作方法
	能根据任务需求，选择、使用图表处理工具软件加工信息，分析数据，表达意图
	熟练掌握多媒体集成工具软件（Powerpoint）的基本操作方法
	能根据任务需求，选择、使用恰当的多媒体工具软件处理信息，呈现主题，表达意图
	了解使用多媒体素材加工软件处理加工图像文件的方法
	了解使用多媒体素材加工软件处理加工音频文件的方法
	能使用软件的帮助信息，解决操作中遇到的疑难问题
	了解在网络中发布信息的规范和基本方法
	了解智能信息处理工具软件的使用方法及其应用领域
	了解人工智能技术的研究领域
	了解指纹识别，人脸识别，视网膜识别，虹膜识别，专家系统，智能搜索，定理证明，博弈，智能控制，机器人学，语言理解等人工智能应用领域
	了解使用计算机程序解决问题的基本方法与过程
	了解 Visual Basic 编程环境
	了解在 Visual Basic 窗体中添加控件的方法
	了解算法的思想与方法，了解使用自然语言、流程图描述算法的方法

表 2-11 信息资源管理方面需要掌握的知识点

信息资源管理	了解常用的信息资源管理方法
	了解信息资源管理的发展历程
	能描述各种常用的信息资源管理方法的特点和优势
	了解使用数据库管理信息的基本思想与方法
	了解 Access 界面；掌握在 Access 数据表中添加记录的方法
	了解 Access 二维表结构
	了解关系型数据库的特点
	了解数据库应用系统的特点

表 2-12　信息技术与社会部分的知识点

信息技术与社会	能运用现代信息交流渠道开展合作学习，解决学习和生活中的问题
	知道网络使用规范和有关社会道德问题
	能认识维护信息系统安全的重要性
	了解维护信息系统安全的一般措施
	了解计算机病毒特征及危害性
	了解防范计算机病毒的基本方法
	了解常用的计算机杀毒软件名称及特点
	知道常用杀毒软件查杀病毒及预防病毒的方法
	了解与信息活动相关的法律法规
	了解 qq、微信社交软件的特点及应用领域

2）算法与程序设计模块。“算法与程序设计”是高中信息技术课程的选修模块，以问题解决与程序设计为主线，揭示利用计算机编程解决问题的过程。该部分的软件环境是 VB6.0。算法与程序设计模块的知识点见表 2-13 ~ 表 2-15。

表 2-13　计算机编程解决问题的思想与方法的知识点

了解利用计算机编程解决问题的基本过程
了解问题分析与算法设计之间的关系
理解算法的概念及其基本特征
理解使用自然语言、流程图描述算法的方法；了解使用伪代码描述算法的方法
了解计算机程序的三种基本结构
了解程序设计语言产生与发展过程
了解机器语言、汇编语言、高级语言的特点
了解程序的翻译方法，比较编译型语言与解释型语言的优势与不足

表 2-14　程序设计基础的知识点

理解常用的数据类型、变量、常量的概念；熟练掌握定义常量、变量数据类型的方法
掌握 VB 中运算符、函数、表达式的表示方式；熟练掌握将数学表达式转换为程序能接受的表达式的方法
熟练掌握使用顺序结构编写程序的基本方法
熟练掌握使用分支结构编写程序的基本方法
熟练掌握使用循环结构编写程序的基本方法
了解模块化程序设计的基本思想与方法
了解面向对象的程序设计方法
能依据算法编写程序

续表 2-14

能阅读简单的程序
能正确书写赋值语句
能运用选择语句编写程序
能运用“for…next”语句编写程序
能运用 do 循环语句编写程序
掌握使用 inputbox（）函数输入数据的方法
掌握使用 print 语句输出数据的方法
理解自顶向下、逐步求精的程序设计思想

表 2-15 可视化编程部分的知识点

理解可视化编程的概念与方法
熟练掌握可视化程序开发工具设计用户界面的方法
掌握在可视化界面中调试程序的方法
知道“属性、方法、事件”的基本特点，掌握其应用方法
熟练掌握在 VB 中设置控件的方法
熟练掌握在 VB 中设置控件属性的方法
能运用解析法编写程序

3）多媒体技术应用模块。“多媒体技术应用”模块作为信息技术选修模块，它与信息技术基础模块内容相衔接。多媒体技术应用模块的软件环境是 Photoshop cs，Premiere 6.0，Flash mx，Cool edit 等。多媒体技术应用模块的知识点见表 2-16 ~ 表 2-18。

表 2-16 多媒体技术与社会生活部分的知识点

了解多媒体技术历程与发展趋势
了解多媒体技术的思想与方法
了解多媒体技术在数字化环境中的普遍应用
理解多媒体技术在呈现信息、交流、表达思想的生动性和有效性
描述多媒体技术对人们的学习、工作、生活的影响
理解多媒体作品集成性、交互性、实时性和非线性等特征
了解多媒体技术中的关键技术
了解“媒体”和“多媒体”的特征
了解流媒体特征及其应用领域
了解虚拟现实技术的特点及应用范畴

表2-17 多媒体信息采集与加工的知识点

表2-17 多媒体信息采集与加工的知识点
了解常用的声音、图形、图像、动画、视频的类型和存储格式
了解常用的声音、图形、图像、动画、视频的呈现和传递方式
了解常用的声音、图形、图像、动画、视频信息的基本特征
掌握声音、图形、图像、动画、视频信息的采集方法
能根据信息呈现需求，使用适当的工具编辑和处理声音、图形、图像、动画、视频
了解图像和图形的特点及区别
掌握计算位图文件大小的方法
了解像素、灰度、色彩深度、饱和度、对比度、明度、图层等基本术语
熟练掌握使用 Photoshop cs 编辑图像的方法
能描述位图与矢量图的特征
了解 Cool edit 多轨编辑界面
掌握在 Cool edit 波形编辑界面中设置波形特效的方法
了解音频文件“数/模”转换的基本方法；能计算音频文件的大小
了解 Flash 编辑窗口组成
理解“帧”的概念，掌握补间动画和逐帧动画制作方法
理解动画生成的原理
了解“元件”的概念及制作方法
掌握遮罩动画与路径动画的制作方法
了解 Premiere 编辑窗口
熟练掌握在 Premiere 6.0 编辑窗口中导入视频、编辑视频和导出视频的方法
掌握计算多媒体文件压缩比的方法

表2-18 多媒体信息表达与交流的知识点

表2-18 多媒体信息表达与交流的知识点
了解制作多媒体作品的基本过程
能根据给定的案例，从问题实际出发，规划、设计多媒体作品
理解采用非线性方式组织、规划、设计多媒体信息的基本思想
能应用适当的多媒体集成工具，根据创作需要制作多媒体作品
能描述多媒体集成工具的特点
了解发布多媒体作品的方法
掌握鉴赏和评价多媒体作品的方法

4） 网络技术应用模块。“网络技术应用”是选修模块,介绍计算机网络的基本功能和因特网的主要应用。网络技术应用模块的软件环境是 Frontpage2003 或 Dream Weaver,文件上传下载工具。网络技术应用模块的知识点见表2-19 ~ 表2-21。

表 2-19 因特网应用部分的知识点

因特网应用部分的知识点
了解因特网的基本服务、特点
能列举因特网应用项目
了解因特网信息检索工具产生的背景、工作原理和发展趋势；熟练掌握使用搜索引擎等因特网信息检索工具获取信息
掌握通过因特网实现信息交流的方式与方法；了解因特网在跨时空、跨文化交流中的优势及其局限性
知道因特网内容提供商、因特网应用服务提供商、因特网服务提供商的英文缩写

表 2-20 网络技术基础部分的知识点

网络技术基础部分的知识点
理解计算机网络的定义和主要功能
理解按照网络互联距离、网络管理方式和网络传输介质分类的方法
理解浏览器/服务器（b/s）和客户机/服务器（c/s）两种应用模式的概念与特点
理解常用的网络拓扑结构
理解网络协议的基本概念；理解网络的开放系统互联协议（osi）分层模型的基本思想；理解因特网 TCP/IP 协议族的基本概念与功能
了解几种因特网服务常用的网络协议
了解分组交换技术、电路交换技术和报文交换技术在网络通信中的应用
熟练掌握 IP 地址的格式和分类；了解子网掩码及网关的概念
了解网关的功能
理解域名和域名的组成格式
了解因特网 IP 地址和域名的管理办法及相应的管理机构
了解正向域名解析和反向域名解析的方法
知道域名解析系统（dnb）的功能
熟练掌握计算机 TCP/IP 属性设置的方法
了解小型局域网的构建方法与使用方法；了解常用网络设备名称及用途
了解光纤、同轴电缆、双绞线等介质的性质和特点
了解无线传输设备的名称和特点
了解接入因特网的常用方法
了解服务器的基本用途；了解代理服务器的概念与作用
掌握计算机网络安全防范的方法；了解常见的网络安全防护技术；了解基本的网络安全设备名称及用途
掌握使用工具软件上传下载文件的方法

表 2-21　网站设计与评价的知识点

理解万维网、网页、主页、网站的基本概念及其相互关系
了解静态网页和动态网页的概念
了解网页文件格式及特点
掌握使用常用的网页制作软件制作与发布网页
掌握规划、设计、制作、发布与管理简单网站的基本方法
了解超文本文件标记语言的英文缩写和特点
能描述几种常用的网页布局类型
掌握合理评价网站建设质量与运行状况的方法

5）数据管理技术模块。"数据管理技术"模块是普通高中信息技术课程选修模块之一，它与必修模块的内容相衔接，学生通过本模块的学习，应掌握与数据管理有关的基本知识。数据管理技术模块的软件环境 Access。数据管理技术模块的知识点见表 2-22 ~ 表 2-24。

表 2-22　数据管理基本知识

理解数据、数据库、数据管理技术的定义
理解关系数据库中的库、表、字段、记录等概念，理解"关系"所表达的含义
了解数据库在多媒体和网络方面的应用，能举例描述其应用价值
了解现实世界、信息世界和计算机世界之间的数据抽象概念及相关术语
理解数据模型的概念
理解概念模型，掌握使用"实体—关系（e-r）"图描述概念模型的方法
理解"实体—关系（e-r）"图的基本要素
理解数据模型概念
理解数据类型，了解数据表中关键字的概念
理解数据管理技术的发展历程
了解数据库设计的一般步骤
了解需求分析的功能
掌握建立概念模型的方法
掌握数据库逻辑设计的方法
了解关系模式数据规范的基本方法和意义
会使用第一范式和第二范式建立数据库

表 2-23 数据库的建立、使用与维护的知识点

了解 Access 的主要特点及数据库文件格式
了解常用的 Access 窗口工具按钮功能及名称
掌握数据收集、数据分类和建立关系数据模型的基本方法
熟练掌握创建数据库、创建数据表和查询表的方法
熟练掌握设置数据类型、字段大小和字段名的方法
熟练掌握在数据表中添加记录的方法
熟练掌握在关系型数据库中建立多表之间关系的方法
熟练掌握关系型数据库中常用的数据筛选、排序的方法
熟练掌握 Access 提供的选择查询、参数查询、生成表查询
掌握关系型数据库中数据统计及报表输出的基本方法
掌握关系型数据库中数据导入和导出以及链接的基本方法
了解结构化查询语言 sql 的基本概念
掌握 select、insert、delete、update 语句的使用方法

表 2-24 数据库应用系统的知识点

理解数据库、数据库管理系统和数据库应用系统的概念，描述他们之间的区别与联系
了解数据库应用范畴
理解数据库应用系统的开发思想与方法
了解数据库应用系统的开发流程，了解需求分析的方法
能根据需求分析，设计简单应用系统功能模块
能应用 Access 窗体向导功能、设计数据库应用系统的用户界面
了解数据库应用系统的测试方法

考试形式采用上机考试的形式，总分值为 100 分，考试时间为 90 分钟。

试卷结构为试题共分为两大类型：第一部分为单项选择题，共 40 题，每题 1 分，满分为 40 分；第二部分为操作题，共 6 题，每题 10 分，满分为 60 分。

试题内容由必修模块和选修模块（考生在四个选修模块之中任选其中一个）两部分组成，各占约 50% 的分值。

2.3.4 计算思维与计算机基础改革

计算机思维方式也可以称为利用计算机科学理念与概念的一种思维处理方式，在 2006 年 3 月，由美国卡内基·梅隆大学计算机科学系主任周以真教授在美国计算机权威期刊《Communications of the ACM》杂志上提出。周教授认为，计算思维是运用计算机科学的基础概念进行问题求解、系统设计以及人类行为理解等涵盖计算机科学之广度的一系列思维活动。对计算思维的理解当前存在两种理念。第一，计算机思维以计算为主题，利用计算模拟人们的思维方式。第二，主流理念认为计算思维强调了自身思维能力。无论何种理念与观点，计算思维均可以理解是一种非

机械性思维方式，强调了思维的重要性。计算作为手段，核心应是思维，基于此才能有助于提升学生对计算机的理解，掌握计算机运行的逻辑方式，提高教学效果。

2010年，中国科学技术大学的陈国良院士将计算思维引入计算机基础教学之后，计算思维在国内教育界得到了广泛重视。我国在2010年时提出将计算思维培养作为大学计算机基础教学的重要目标，并将该思维体现在实践教学中，发挥其理念优势，提高大学计算机基础教学效率。

2.3.4.1 计算思维具有的优点

计算思维吸取了问题解决所采用的一般数学思维方法，现实世界中巨大复杂系统的设计与评估的一般工程思维方法，以及复杂性、智能、心理、人类行为的理解等的一般科学思维方法[17,22,25,30]。计算思维建立在计算过程的能力和限制之上，由人和机器执行。计算方法和模型使我们敢于去处理那些原本无法由个人独立完成的问题求解和系统设计[17]。

计算思维中的抽象完全超越物理的时空观，并完全用符号来表示，其中，数字抽象只是一类特例。与数学和物理科学相比，计算思维中的抽象显得更为丰富，也更为复杂。数学抽象的最大特点是抛开现实事物的物理、化学和生物学等特性，而仅保留其量的关系和空间的形式，而计算思维中的抽象却不仅仅如此。

计算思维用途是每个人的基本技能，不仅仅属于计算机科学家。我们应当使每个孩子在培养解析能力时不仅掌握阅读、写作和算术（Reading，Writing，and Arithmetic——3R），还要学会计算思维。正如印刷出版促进了3R的普及，计算和计算机也以类似的正反馈促进了计算思维的传播。

计算思维是运用计算机科学的基础概念去求解问题、设计系统和理解人类的行为。它包括了涵盖计算机科学之广度的一系列思维活动。

计算思维是按照预防、保护及通过冗余、容错、纠错的方式从最坏情形恢复的一种思维。它称堵塞为“死锁”，称约定为“界面”。计算思维就是学习在同步相互会合时如何避免“竞争条件”（亦称“竞态条件”）的情形。

计算思维利用启发式推理来寻求解答，就是在不确定情况下的规划、学习和调度。它就是搜索、搜索、再搜索，结果是一系列的网页，一个赢得游戏的策略，或者一个反例。计算思维利用海量数据来加快计算，在时间和空间之间，在处理能力和存储容量之间进行权衡。

2.3.4.2 第一届“计算思维与大学计算机课程教学改革”研讨会

2012年5月，教育部高等教育司组织的“大学计算机课程改革研讨会”提出：合理地定位大学计算机教学的内容，形成科学的知识体系、稳定的知识结构，使之成为重要的通识类课程之一，是大学计算机教学改革的重要方向；以计算思维培养为切入点是今后大学计算机课程深化改革、提高质量的核心任务。为此，教育部高等学校计算机基础课程教学指导委员会定于2012年7月16~19日在西安举办第一届“计算思维与大学计算机课程教学改革研讨会”，会议由西安交通大学和高等教育出版社承办。

会中介绍了国内有关计算思维研究以及大学计算机课程改革的最新进展。为将计算思维融入课程教学中去，教指委组织相关专家和高校，围绕计算思维有哪些基本的组成部分、这些基本组成部分的特征和表现是什么、这些组成部分如何在计算机课程中讲授、相应的课程体系和课程教学内容如何设计、教学方法如何改进等问题，进行了深入研究。

2.3.4.3 大学计算机基础与计算思维的关系

大学计算机基础是所有大一新生的必修课程，该课程涉及计算机应用的多个方面，如计算机原理和数据结构及算法的基本知识，流行操作系统的操作是最必须掌握的，计算机网络以及与之有关联的信息安全，还有多媒体技术和数据库原理等几个方面也是需要掌握的。虽然这些课程显得零乱、无系统性，但这些课程包含大量的计算思维案例，如计算机的产生和发展是计算思维不断拓展的过程；计算机中数据的表示是计算思维的表示；计算机的组成和工作原理是抽象和分解的运用；数据结构是研究数据表示方法及其关系的一种抽象；数据库的设计是抽象与具体的过程；枚举、递归、回溯等算法都是计算思维的典型案例；办公软件的使用是一种基本的计算思维；余额宝等应用是典型的有别于传统思维的计算思维活动。计算机基础教学是培养大学生计算思维能力的重要载体。计算机基础教学要注重培养学生的计算思维能力，使学生能够将计算思维融入各自专业和领域中去[2]。

（1）计算思维在计算机基础理论教学中的培养。根据计算机基础教学确定的多方向的培养目标，计算思维的培养在理论教学中可以从以下几个方面进行。

1）改变传统教材从教学内容中引入计算思维。为了让学生接受计算思维，首先需要做的是改变传统的教材，将原来的大信息量教材进行改革，引入计算思维这个新的教学内容，这样才可以使学生通过教学培养自己的创新能力以及培养自己的计算思维能力。

2）需要改变传统的教学方式。我国传统的教学方式是课堂上由授课教师“一言堂”教学方法，学生听，教师讲，很少有时间来实现教师和学生的互动，这种教学模式极不利于学生创新能力的培养。为了将计算思维引入课堂，就需要改变这种教学模式，给学生预留出更多时间进行思考以及和教师进行互动。目前，许多高校将互动式课堂教学和任务驱动式教学引入到课堂中，改变了原有的枯燥的课堂氛围，使课程变得活泼生动。计算思维的培养，除了以上两个教学方式外，案例教学法也在课堂上表现出它特有的优势。如用案例教学法讲解

EXCEL 中数据统计功能和 WORD 排版时，先选取恰当的实例让学生在案例中学习，以此激发学生对该部分的学习兴趣，同时还可以将计算思维能力的培养渗透到教学内容中，如图 2-27 和图 2-28 所示。

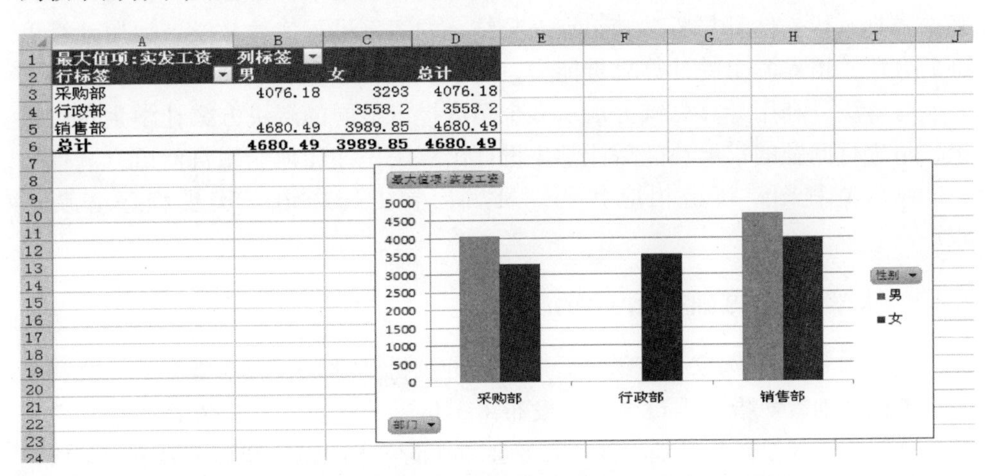

最大值项:实发工资	列标签		
行标签	男	女	总计
采购部	4076.18	3293	4076.18
行政部		3558.2	3558.2
销售部	4680.49	3989.85	4680.49
总计	4680.49	3989.85	4680.49

图 2-27　EXCEL 案例

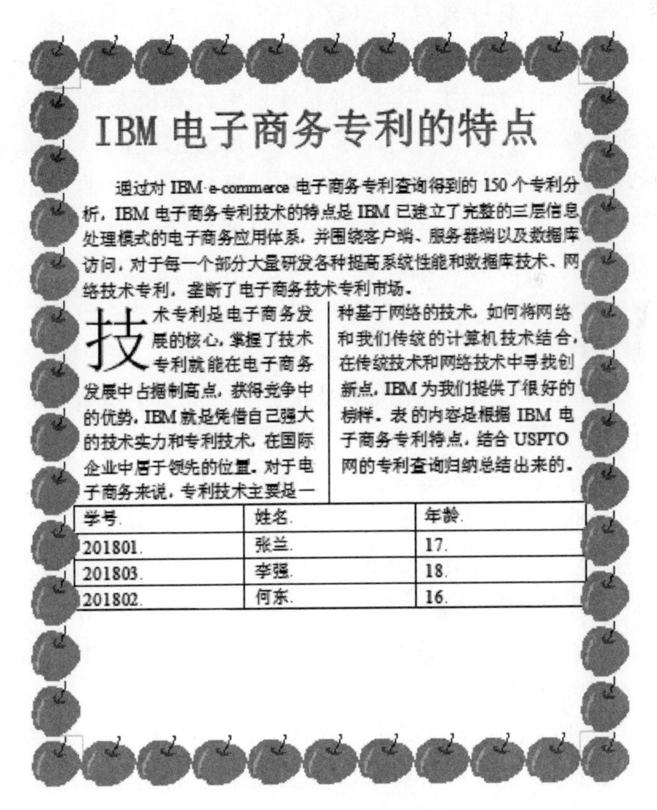

IBM 电子商务专利的特点

通过对 IBM e-commerce 电子商务专利查询得到的 150 个专利分析，IBM 电子商务专利技术的特点是 IBM 已建立了完整的三层信息处理模式的电子商务应用体系，并围绕客户端、服务器端以及数据库访问，对于每一个部分大量研发各种提高系统性能和数据库技术、网络技术专利，垄断了电子商务技术专利市场。

技术专利是电子商务发展的核心，掌握了技术专利就能在电子商务发展中占据制高点，获得竞争中的优势，IBM 就是凭借自己强大的技术实力和专利技术，在国际企业中居于领先的位置。对于电子商务来说，专利技术主要是一种基于网络的技术，如何将网络和我们传统的计算机技术结合，在传统技术和网络技术中寻找创新点，IBM 为我们提供了很好的榜样。表的内容是根据 IBM 电子商务专利特点，结合 USPTO 网的专利查询归纳总结出来的。

学号	姓名	年龄
201801	张兰	17
201803	李强	18
201802	何东	16

图 2-28　WORD 案例

（2）计算思维在实验教学中的培养。计算机基础实验课的教学目标是培养学生的动手能力，实验教师为了提高实验课的教学效果可以根据学生的实际情况增加一些具有设计性的综合性实验，通过实验教学培养学生的动手能力。教师选择具有代表性且与所学知识点充分结合的案例进行实验教学，运用计算思维的方法，培养学生的计算思维能力，让学生积极思考、主动学习、提出问题并及时解决；利用计算思维方法从多个角度提出不同的解决方案让学生自由讨论，再进行问题的求解；随后让学生设计出算法，并让他们用自然语言进行描述，画出流程图，写出相应代码；最后让学生选择语言实现程序并调试程序[2]。

2.3.5 大学计算机基础教学内容的改革

进入21世纪，国家教育部先后成立了计算机基础课程教学指导委员会和文科计算机基础教学指导委员会，并发布了多份有关计算机基础教育的指导性文件；全国高等院校计算机基础教育研究会和其他学术团体也开展了大量教学研究活动，对推动高校计算机基础教育发挥了重要作用[5,7~9]。

计算机基础教学在本科教育中与数学、外语一样，具有基础性、普及性，同时还有实用性、不可替代性[12]。它在培养学生信息素养方面具有比其他课程更为直接、更为深远的作用。本科培养计划中计算机基础是不可缺乏的一部分。计算机基础教学应根据市场的需求，适应形势的发展，不断加强教学的改革与创新，不断增加与各学科各专业相关的计算机知识教学，加强计算机在社会各个领域的应用的教学，激发学生的学习热情，使得他们的创新意识得到培养，综合应用能力得到提高，培养出更多更好的能适应新时代需要的复合型人才[20,21]。

（1）“大学计算机基础”代替“计算机文化基础”。根据计算机技术知识衰减期短、技术淘汰快的特点，计算机基础教学理念发生了重大变化，从产品教学中走出来、在传授知识过程中培养学生的技能和素质[12]。进入21世纪高教司［1997］155号中的目标已基本完成；普及教育性质的“计算机文化基础”逐渐由具有大学课程水准的“大学计算机基础”替代[6~8]。

2003年8月30日出版了由教育部计算机科学与技术教学指导委员会和教育部计算机基础课程教学指导分委员会组织编写的一部关于计算机基础教学的白皮书，即《计算机基础教学白皮书V1.0版》，并发到相关单位或学会征求意见。2003年年会上，组织者将收集到的百余条意见逐条讨论，在讨论的基础上对原有的白皮书的结构进行了相应的调整，最终完成了V2.0版的编写。

（2）计算机基础教学的基本要求。在白皮书中确定了大学计算机基础教学的要求。

1）学生对计算机软硬件基础知识要求掌握到一定程度，对计算机实用工具软件的处理及日常事务的基本能力应该具有，并且具有网络的相关知识，如能够通过计算机网络获取信息，通过计算机网络对获得的信息进行分析、利用，通过网络能与他人进行交流。

2）要求学生了解信息化社会中的相关法律与道德规范，并能自觉遵守。

3）在数据库方面，要求学生具备使用数据库的能力，如通过数据库的相关工具能够做到对信息进行一系列的处理，如管理、加工、利用等。

4）对实用工具软件方面的要求，需要学生达到使用典型的应用软件及工具来解决本专业领域中问题的能力。

2.3.6　教学方法的改革

2.3.6.1　依据学生对计算机基础掌握现状对现有的教学方法进行改革

（1）大一新生的计算机基础技能掌握程度不同。刚刚步入大学校园的大一学生，在计算机应用方面就已有很大的差异。主要原因是随着计算机的普及，计算机已进入普通百姓的家中，还有就是中小学信息技术课程的开设，使得步入大学的新生，在计算机方面不再是零起点。但这种非零起点的情况，并不能说明所有的学生都掌握了计算机理论知识和操作技能。尤其是一些来自农村和经济欠发达地区的同学，他们对计算机知识了解很少，甚至有的初高中根本没有开设信息技术课程，以致他们在上大学之前连电脑都没有见过。这种情况，对于计算机基础课程的安排造成了很大的困难，如果按常规做法，按自然班级排课，就会出现有基础的学生嫌进度太慢，无基础的学生跟不上，这样打击了学生学习的积极性，无论学生有无基础都不会获得好的学习效果。因此，采用传统的排课方式对于计算机基础教学来说已不适用。

（2）计算机基础教学改革措施。

1）对以往旧的教学内容进行更新。21世纪初，大学计算机基础课程的主要授课内容与20世纪90年代的内容还是相同的，主要包含有操作系统的Windows操作，办公自动化的Office应用以及计算机网络的基础知识。根据国家教育部的要求，全国高中已从2001年开始开设了信息技术课程，目前大学计算机基础课程中涉及知识点，在高中的信息技术课程中都有，对计算机基础的相关知识也有了部分掌握。因此，大学计算机基础课程的授课内容需要进行改革，已适应社会计算机发展的需要及大学生能力培养的需要。

2）改变传统的教学方式，把学习的主动权由教师主导转交给学生。在传统的教学方式中，是以教师为中心，教师主导整个课堂，随着计算机及网络的发展，这种传统的教学模式应进行相应的改变，把学生为中心，将教师作为知识的传授者，转变为现在的学生学习的参与者和指导者，这种教师角色的转变，不仅能提高学生的学习能力，还可以让学生养成一个良好的学习习惯，不再事事依赖老师。大学计算机基础教学过程中，授课教师还可以通过借助网络，让学生进行自学，利用交互学习方式以及共同学习方式，来提高大学计算机基础课程的教学效果，使得学生不仅掌握了计算机基础的相关知识，还养成了自学的好习惯，对其今后的生活和工作都提供了帮助。

3）计算机基础教学通过增强实验教学强度，来培养学生动手能力。大学计算机基础课程是一门实践性强的学科，实验教学在计算机基础教学中有很重要的地位。可以这样讲，大学生计算机基础技能的培养，实验教学在整个计算机基础教学体系中比理论教学的重要性更强。因此，在计算机基础的教学过程中，授课教师应该重视每一堂实验课，在每次实验课前都应事先安排好实验内容，要求学生对实验的具体要求及注意事项在课前做到预习。实验完成后，应要求学生书写实验报告，在报告中写明本次实验的收获及在实验中遇到的问题。这样进行的计算机基础实验，既可以避免实验的盲目性，又可大幅提高计算机的利用率，保证了计算机基础实验课程的教学质量。计算机基础实验的实验项目，可以是验证实验也可以是综合性练习和涉及性实验。为了提高学生的动手能力，可以提高综合性实验和设计性实验难度，以此提高学生的计算机应用能力。

4）加强计算机基础课程教师队伍建设。计算机基础是一门特殊的学科，其涉及的教学内容不断更新和变化，这样就要求计算机基础教师应具有快速转变观念，不断改进教学手段和教学方法的能力。面对计算机日新月异的发展，对教师的计算机专业知识与应用能力也提出了更高的要求，除了计算机教师本身需要不懈努力钻研业务充实自己之外，学校也应该采取一些积极措施来进一步加强师资队伍的建设，在传统教育中，计算机教师的主要任务是向学生传授计算机知识[1]。而在信息时代，随着教育规模的扩大，“知识爆炸”时代的到来，课程内容的不断更新和丰富，教师在有限的时间内不可能将计算机课程所规定的所有知识都教授给学生，教师必须在明确的课程知识构架下选择适当的、最主要的知识传授给学生。这就要求教师必须对新的计算机基础知识的结构有充分的了解和掌握。在作为新知识的学习者方面，教师应该不断的自我学习、自我充电，来提高自己的知识水平和教学水平[1]。

5）对计算机基础课程的考试制度进行改革。考试的目的是检验学生对所学课程的掌握程度的一次检验，由于计算机基础课程的培养目标是学生不仅掌握计算机的基础知识，还应具备计算机实际应用的操作能力。因此，计算机基础课程采用传统的试卷考核方式是不合理的。牡丹江师范学院计算机基础课程平时成绩结构如图 2-29 所示。

大学计算机基础平时分（30分）									
班级：		学院：			任课教师：（签字）			填表时间：	
学号	姓名	理论课成绩（10分）		实验课成绩（20分）					总成绩
		出勤（6分）	课堂表现（4分）	出勤（6分）	课堂表现（4分）	测验一成绩（3分）	测验二成绩（3分）	测验三成绩（4分）	

图2-29 牡丹江师范学院计算机基础平时成绩结构

牡丹江师范学院对计算机基础课程的考核方式设定为三大块。第一块是平时成绩部分，包含学生的出勤、课堂表现及平时测验，占整体分值的30%；第二块是期末理论知识点的考察，采用的是机器答题无纸化考试，包含的内容是计算机基础中的理论部分知识点，占整体分值的30%；第三块是上机操作部分，包含办公自动化软件部分，数据库操作部分，网络及程序设计部分。理论知识点和上机操作部分统一在一张试卷，应用考试软件进行测试，机器阅卷。牡丹江师范学院的计算机基础考试系统如图2-30所示。

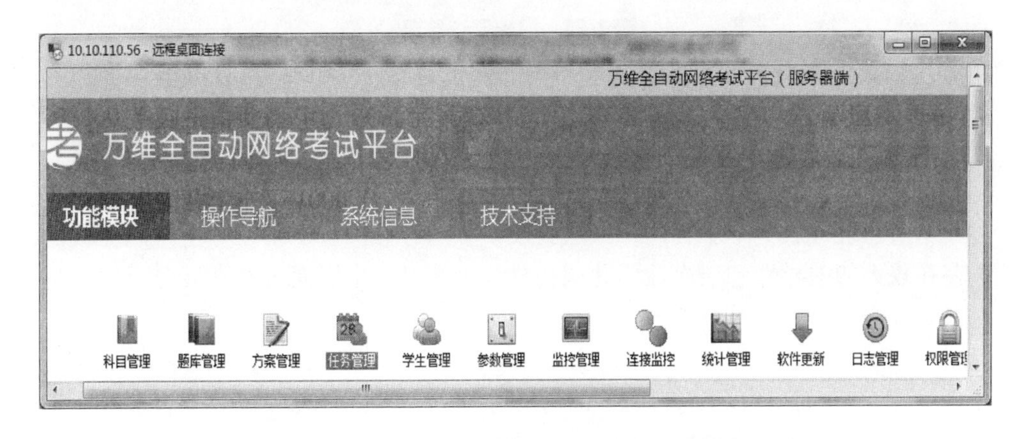

图2-30 牡丹江师范学院计算机基础考试系统

2.3.6.2 牡丹江师范学院大学计算机基础分层次教学法的实施

(1)《大学计算机基础》分层次教学改革的依据。目前，我国中学信息技术课与高校计算基础课的部分重复，导致学生在课堂上觉得“没劲”，因为老师讲的他在中学学了一遍，高中又学了一遍，现在再学不是太痛苦了吗？但这部分去掉又不行，因为学生入学的时候，计算机基础的差距非常的大，这种非常悬殊的差距，致使非计算机专业的《大学计算机基础》课程实施遇到很多问题。比如教学进度难以协调及难易程度不好把握等问题。因此，根据受教育者的个体差异，对其进行分类排队，按计算机基础能力进行组班，然后分班进行教学是目前《大学计算机基础》教学的必然选择。

为了了解我院新生计算机基础的差距情况，我院对《大学计算机基础》分层次教学的必要性进行了调查分析。

首先，通过教研室活动和学生座谈的形式对文化基础教研室的全体教师和2006级学生进行《大学计算机基础》分层次是否必要的调查，座谈的主要内容包括教材选用，教学方法及模式、教学质量、学生对《大学计算机基础》教学的重视程度、学生对计算机学习需求及分层次教学的必要性。座谈反馈情况是该项改革受到大部分师生的支持和认可。其次，为获得学生计算机基础差异的准确数据，同时也为实施分层次教学做必要的准备，对2007级和2008级新生进行了计算机水平问卷调查，调查表中将计算机技能分为三个层次：层次一熟练掌握计算机的基本知识和操作，能熟练应用办公软件系统进行相应处理；层次二了解计算机的基本知识和操作，不能熟练应用办公软件系统进行相应处理；层次三未接触过计算机的。通过问卷调查，获得各层次所占当年新生总人数的百分比，见表2-25。

表2-25 问卷调查结果

年级	层次一	层次二	层次三
2007	15%	69.5%	15.5%
2008	19.5%	76.5%	4%

从上述统计表中不难看出，虽然我校学生的计算机水平呈逐年上升趋势，但仍存在较大的差异性和层次性。此调查统计也从另一个层面表明开展分层次教学的必要性。

(2) 分层次教学的实施。牡丹江师范学院大一学生第一学期《大学计算机基础》有60学时（36学时理论，24学时实验），这种学时分配对于有基础的学生来说是一种时间上的浪费，而对于没有基础的学生来说又不够。为了解决学生的这种情况，将《大学计算机基础》进行了分层次教学。

1）入学测试，分层次教学。新生入校后，组织非计算机专业学生针对《大学计算机基础》教学的三个层次进行申请，对于申请层次一的学生先进行上机培训8学时后，再进行上机测试，及格者可免修大学计算机基础，成绩直接作为期末考试成绩，在本学期计算机课的同一时间段内可根据自己的爱好选修计算机方面的一门选修课，期末修得相应学分，对于不及格者转入层次二继续进行相应学习；申请层次二和申请层次三的学生不进行考核，直接进入相应班学习。层次二的计划学时为40学时；层次三的计划学时为80学时。

2）授课过程中，随机测试动态分层。学生一旦选择了某个层次进行相应学习，其形式并不是固定不变的。在授课过程中每过一个月，学生可以根据自己的实际学习情况提出变更层次学习的申请。由教研室对提出提高层次的学生统一组织测试，合格者可进入相应层次教学班进行学习，对于提出降低层次的学生可直接进入相应层次班进行学习。这种动态的分层次教学，可依据学生的现状随时调整授课内容，实现授课时间段不变，授课内容的更改，激发了学生的学习兴趣，提高了课堂效率。

3）起点不同，终点相同。为了便于学生自学，充分利用网络资源，我教研室的教师针对学生的现状开发了《大学计算机基础分层次教学课件》，课件中不同层次有其相应的授课内容、相关习题及测试，学生可根据自己的层次及实际情况有针对性地进行自学。分层次教学课件的使用，为动态分层次打下了坚实的基础。

为了达到《大学计算机基础》教学起点不同、终点相同的目标，我教研室开发了期末测试软件，配有大量试题的试题库。所有学生结课测试采用的是同一试题库，实现了起点不同、终点相同的目标。

(3）教学实践结果分析。为了了解分层次教学的效果，我们设计了学生听课效果调查表，对本院各系、各专业2007级和2008级学生听课效果作了调查，结果表明：对不同层次的学生有针对性地指导，能够增强学生的自信心，激发成功的欲望，学生学习的积极性、主动性有明显提高。教师在“层次”教学法的思想指导下，在教学活动中考虑学生的兴趣，因材施教，提高教学的针对性，既推动了计算机教师专业化进程，保证了教学质量，又达到了发展学生个性，提高个体素质的教学目的。实践证明该教学模式是可取的，达到了预期效果的需求。

(4）结语。分层次教学是一种教学策略，也是一种教学模式，更是一种教学思想，具有一定的理论价值和实践价值。它使后进生产生希望，优生具有更高的学习目标，建立了良好的你追我赶、人人向上的学习氛围，使学生的学习效率在不知不觉中得到提高，教学过程在无形中得到优化，学生素质在个体需要中得到全面发展与提高。

3 计算机基础教学现状

从20世纪40年代计算机诞生到现在计算机经历了70年的发展，从最初的庞然大物，只用于科学计算的机器发展到了今日的拥有庞大功能，可渗透到人们生活的各个领域。计算机的出现给人类生活带来了翻天覆地的变化。计算机基础教学的内容及方法也随着计算机的发展进行了多次调整，以适应人们对计算机知识的需求。

3.1 《大学计算机基础课程教学基本要求白皮书》解读

2013年教育部高等学校大学计算机课程教学指导委员会首先组织全体委员开展了大量的调研与研究工作。以教育部高等教育司“大学计算机课程改革项目”研究为契机，组织近百所高校围绕若干重要问题展开深入研究，为《大学计算机基础课程教学基本要求白皮书》做了大量准备工作。以下文中将《大学计算机基础课程教学基本要求白皮书》简称为《教学基本要求》。

3.1.1 《教学基本要求》(白皮书) 编写历程

白皮书的编写从2013年7月开始准备，到2015年11月正式发布，历经两年多时间。期间具体过程见表3-1。

表3-1　白皮书编写历程

时　间	编写历程
2013年7月30日	在哈尔滨召开起草小组成员第1次会议，组长为何钦铭，成员为郝兴伟、黄心渊、李波、卢虹冰、苏中滨、王浩、杨志强、张龙、张铭
2013年11月3日	在高校计算机课程教学系列报告会期间，起草小组成员第2次会议，确定课程基本要求、内容框架
2013年11月~2014年6月	开展各专题研究，陆续汇总形成初稿
2014年7月12日	在北京召开《教学基本要求》起草小组第3次工作会议，对白皮书内容结构和课程体系做了较大调整
2014年7月29日	在济南召开《教学基本要求》起草小组第4次工作会议，讨论初稿

续表 3-1

时　间	编 写 历 程
2015 年 4 月 24 ~ 25 日	在北京召开了起草小组第 5 次工作会议，进一步对基本要求的内容进行修改
2015 年 7 月 28 日	起草小组第 6 次工作会议，部分反馈意见进一步讨论
2015 年 8 月 29 日	起草小组第 7 次工作会议，对“典型课程实施案例”进行修改
2015 年 7 月 29 ~ 30 日	召开第四届“计算思维与大学计算机课程教学改革研讨会”，大范围征求意见
2015 年 11 月 28 ~ 29 日	在高校计算机课程教学系列报告会期间，正式发布

3.1.2 大学计算机基础教学的现状

（1）在《教学基本要求》中确定了计算机基础教育发展的三个阶段。

1）起步创始（20 世纪 70 ~ 80 年代）：计算机程序设计普及阶段。

2）普及规范（20 世纪 90 年代）：“文化基础—技术基础—应用基础”三个层次的课程体系。

3）深化提高（21 世纪）：科学、系统地构建计算机基础教学的“能力体系—知识体系—课程体系”。

（2）目前大学计算机基础存在的问题。

1）对于“大学计算机”作为通识型（基础类）课程的地位认识不足。

2）“大学计算机”课程内容的稳定性有待提高。

3）计算机基础教学的基础支撑作用体现得不够充分。

4）计算机基础教学水平的质量评价体系有待改进。

（3）四个领域。

1）系统平台与计算环境。

2）算法基础与程序设计。

3）数据管理与信息处理。

4）系统开发与行业应用。

（4）“三个层次”课程体系。

1）计算机文化基础。

2）计算机技术基础：计算机软件技术基础、计算机硬件技术基础。

3）计算机应用基础：计算机信息管理基础、计算机辅助设计基础。

（5）“1 + X”课程体系。“1 + X”课程体系指的是“大学计算机基础”+ 若干课程。

1）理工类。大学计算机基础、程序设计基础、微机原理与接口技术、数据库技术及应用、多媒体技术及应用、计算机网络技术及应用。

2）医药类。大学计算机基础、程序设计基础、数据库技术及应用、多媒体技术及其在医学中应用、医学成像及处理技术、医学信息分析与决策。

3）农林（水）类。大学计算机基础、程序设计基础、数据库技术及应用、计算机网络技术及应用、数字农（林）业技术基础、农（林）业信息技术应用。

（6）教学内容。虽然不同学校在大学计算机基础的教学内容上会有不同侧重点和内容组织方式，但主要涉及的四个知识点是必须具有的。

1）计算机软硬件基础知识。

2）计算机网络基础。

3）操作系统基本知识。

4）程序设计与算法基础。

3.2 全国计算机等级考试

全国计算机等级考试（简称 NCRE），是经原国家教育委员会（现教育部）批准，由教育部考试中心主办，面向社会，用于考查应试人员计算机应用知识与技能的全国性计算机水平考试体系[36]。NCRE 的标志如图 3-1 所示。

图 3-1 NCRE 标志

3.2.1 考试性质

NCRE 不以评价教学为目的，考核内容不是按照学校要求设定，而是根据社会不同部门应用计算机的不同程度和需要、国内计算机技术的发展情况以及中国计算机教育、教学和普及的现状而确定的；它以应用能力为主，划分等级，分别考核，为人员择业、人才流动提供其计算机应用知识与能力水平的证明[34]。

自 1994 年开考以来，NCRE 适应了市场经济发展的需要，考试持续发展，考生人数逐年递增，至 2017 年年底，累计考生人数超过 7600 万，累计获证人数近 2900 万。

全国计算机等级考试共有四个级别，见表 3-2。

表 3-2 全国计算机等级考试级别

一级	二级	三级	四级
操作技能级	程序设计、办公软件高级应用级	工程师预备级	工程师级

3.2.2 考试科目及内容

各级的考试科目见表 3-3。

表 3-3 国家计算机等级考试科目

一级考试	二级考试	三级考试	四级考试
计算机基础及 MS Office 应用	语言程序设计类	网络技术	网络工程师
计算机基础及 WPS Office 应用	数据库程序设计类	数据库技术	数据库工程师
计算机基础及网络安全素质教育	办公软件高级应用	软件测试技术	软件测试工程师
计算机基础及 Photoshop 应用		信息安全技术	信息安全工程师
		嵌入式系统开发技术	嵌入式系统开发工程师

（1）一级考试。一级操作技能考试的考试内容分为计算机基础知识和操作技能两个部分，其中计算机基础知识考核题型是选择题，办公软件类考试考核内容包括汉字录入、Windows 系统使用、文字排版、电子表格、演示文稿、IE 的简单应用及电子邮件收发，Photoshop 考试的内容是了解数字图像的基本知识，熟悉 Photoshop 的界面与基本操作方法，掌握并熟练运用绘图工具进行图像的绘制、编辑、修饰，会使用图层蒙版、样式以及文字工具，网络安全素质教育考核的内容是掌握 Windows 系统安全防护的措施、掌握移动和智能系统安全防护的措施、掌握网络应用安全防护的措施、掌握常见安全威胁的应对措施、掌握病毒、蠕虫和木马的基本概念和基本技术、掌握典型网络安全工具的配置和使用及具有网络安全意识和网络行为安全规范。

（2）二级考试。国家计算机二级考试考核内容包括计算机语言与基础程序设计能力，要求参试者掌握一门计算机语言，可选类别有高级语言程序设计类、数据库程序设计类、Web 程序设计类等；二级还包括办公软件高级应用能力，要求参试者具有计算机应用知识及 MS Office 办公软件的高级应用能力，能够在实际办公环境中开展具体应用[36]。

二级考试中语言程序设计类考试的可选语言有 C、C + + 、Java、Visual Basic、Web、Python，数据库程序设计类考试可以选的数据库设计语言有 Access、MySQL，办公软件高级应用考试中可以选的办公软件是 MS Office 高级应用[36]。报考者在九个科目中选择一个参加考试并通过即可取得国家计算机二级证书。

（3）三级考试。需要注意的是国家计算机等级考试三级中“软件测试技术”科目自 2018 年 3 月起暂停考试。其他四项的考核内容分别如下：

网络技术考核点有网络规划与设计、局域网组网技术、计算机网络信息服务系统的建立及计算机网络安全与管理[37]。

数据库技术考核点有数据库应用系统分析及规划、数据库设计及实现、数据库存储技术、并发控制技术、数据库管理与维护、数据库技术的发展及新技术[37]。

信息安全技术的考核点有信息安全保障概论、信息安全基础技术与原理、系统安全、网络安全、应用安全、信息安全管理、信息安全标准与法规[37]。

嵌入式系统开发技术的考核点有嵌入式系统的概念与基础知识、嵌入式处理器、嵌入式系统硬件组成、嵌入式系统软件、嵌入式系统的开发等相关知识和技能[37]。

（4）四级考试。四级考试考核的是计算机专业课程，测试者获得的证书是面向应用、面向职业的工程师岗位证书[3]。

四级考试共有五个考核项目，需要注意的是，其中的“软件测试工程师”科目自2018年3月起暂停考试[26]。

网络工程师考核的内容有计算机网络、操作系统原理两门课程。测试内容包括网络系统规划与设计的基础知识及中小型网络的系统组建、设备配置调试、网络系统现场维护与管理的基本技能[4]。

数据库工程师考核的内容有数据库原理、操作系统原理两门课程[26]。测试内容包括数据库系统的基本理论以及数据库设计、维护、管理与应用开发的基本能力[4]。

信息安全工程师考核计算机网络、操作系统原理两门课程。测试内容包括网络攻击与保护的基本理论与技术，以及操作系统、路由设备的安全防范技能[4]。

嵌入式系统开发工程师考核的内容有操作系统原理、计算机组成与接口两门课程。测试内容包括嵌入式系统基本理论、逻辑电路基础以及嵌入式系统中的信息表示与运算、评价方法等基本技能[4]。

3.2.3 考试软件

NCRE一级上机考试环境为Windows 7简体中文版。各科目使用的软件见表3-4。

表3-4 NCRE一级各科目使用的软件

考试科目	考试软件
计算机基础及MS Office应用	Microsoft Office 2010
计算机基础及Photoshop应用	Photoshop CS5（典型方式安装）
计算机基础及WPS Office应用	WPS Office 2012办公软件

二级考试所用的考试环境及软件见表3-5。

表3-5 二级考试所用的考试环境及软件

考试科目	考试软件
C语言程序设计	Visual C++2010学习版[26]
C++语言程序设计	Visual C++2010学习版
Visual Basic语言程序设计	Visual Basic 6.0简体中文专业版
Java语言程序设计	NetBeans中国教育考试版2007
Access数据库程序设计	MS Access 2010
Python语言程序设计	Python 3.5.2版本及以上IDLE[26]

续表 3-5

考 试 科 目	考 试 软 件
MySQL 数据库程序设计	MySQL（Community 5.5.16）
MS Office 高级应用	MS Office 2010
Web 程序设计	NetBeans 中国教育考试版，IE6.0 及以上

3.2.4 证书

NCRE 考试实行百分制计分，但以等级通知考生成绩。等级共分优秀、及格、不及格三等。90～100 分为优秀、60～89 分为及格、0～59 分为不及格。

成绩在及格以上者，由教育部考试中心颁发合格证书。成绩优秀者，合格证书上会注明优秀字样。对四级科目，只有所含两门课程分别达到 30 分，该科才算合格。

NCRE 成绩在及格以上者，由教育部考试中心颁发合格证书。等级证书的样式如图 3-2 所示。

NCRE 一级合格证书样本

NCRE 二级合格证书样本

NCRE 三级合格证书样本

NCRE 四级合格证书样本

图 3-2 国家级计算机考试各级合格证书

一级证书表明持有人具有计算机的基础知识和初步应用能力，掌握文字、电子表格和演示文稿等办公自动化软件（MS Office、WPS Office）的使用及因特网（Internet）应用的基本技能，具备从事机关、企事业单位文秘和办公信息计算机化工作的能力。

二级证书表明持有人具有计算机基础知识和基本应用能力，能够使用计算机高级语言编写程序，可以从事计算机程序的编制、初级计算机教学培训以及企业中与信息化有关的业务和营销服务工作。

三级证书表明持有人初步掌握与信息技术有关岗位的基本技能，能够参与软硬件系统的开发、运维、管理和服务工作。

四级证书表明持有人掌握从事信息技术工作的专业技能，并有系统的计算机理论知识和综合应用能力。

3.3 计算机科学的一个分支——人工智能

人工智能（Artificial Intelligence），英文缩写为 AI。它是通过研究和模拟人的智能，开发出用于延伸和扩展人的智能的理论、方法和技术，以及将其转化并投入使用的一门新的技术科学。

人工智能是计算机科学的一个最新分支，它力求解析人类智能的实质，并研制生产出一种新的以人类智能和思维方式来运转的智能机器。该领域的研究包括机器人、语言识别、图像识别、自然语言处理和专家系统等。人工智能从诞生以来，理论研究和生产技术日益成熟，应用领域也在不断扩大。在未来，人工智能带来的科技产品，将会是人类智慧的翻版，能够逐步解放人类。人工智能是对人的意识、思维的信息过程的模拟。人工智能不是人的智能，但能像人那样思考、也可能超过人的智能。2017 年 12 月，人工智能入选“2017 年度中国媒体十大流行语”。

3.3.1 人工智能的基本概念和发展历程

（1）人工智能诞生。人工智能诞生于 20 世纪 40 ~ 50 年代，但在人工智能概念被提出之前，首先出现的是“机器人三定律”。1942 年美国科幻巨匠阿西莫夫提出“机器人三定律”，该定律为后代创作提供了一定的指导意义。

1956 年夏天，美国达特茅斯学院举行了人类历史上第一次人工智能研讨会，这次会议被认为是人工智能诞生的标志。在会上，麦卡锡首次提出了“人工智能”概念，纽厄尔和西蒙则展示了编写的逻辑理论机器。而马文 · 明斯基提出的“智能机器能够创建周围环境的抽象模型，如果遇到问题，能够从抽象模型中寻找解决方法”这一定义，更是今后智能机器人的研究方向。

（2）机器人出现。1959 年，德沃尔与美国发明家约瑟夫 · 英格伯格联手制造出第一台工业机器人，如图3-3所示。随后成立了世界上第一家机器人制造工厂Unimation公司。在技术还不够强大的时代，第一代机器人看起来更像“机器”，这类机器人通过计算机控制一个自由度很高的机械，反复重复人类教授的动作，并对外界环境没有任何感知。

图3-3 第一台工业机器人

1965年，约翰·霍普金斯大学应用物理实验室研制出了全新的Beast机器人。Beast能通过声纳系统、光电管等感知装置，根据环境校正自己的位置。Beast出现后，随之开始兴起研究“有感觉”的机器人，这意味着人工智能的研发和应用又向前迈进了一步。

（3）人工智能机器人问世。1966年美国麻省理工学院的魏泽鲍姆发布了世界上第一个聊天机器人ELIZA。ELIZA能通过脚本理解简单的自然语言，并能进行类似人类的互动。

1966～1972年间，美国斯坦福国际研究所研制出机器人Shakey，它是首台采用人工智能制造的移动机器人，带有视觉传感器，它可以根据人的指令去动作，比如发现并抓取相应的物体。不过，当时为了控制它而研发的计算机需要一个房间才可以装下，可见在当时人工智能受计算机技术的限制有多大。

（4）研发人工智能计算机。1981年，日本经济产业省拨款8.5亿美元率先用以研发第五代计算机项目，由此人工智能计算机开始登场。紧随其后，英国、美国也纷纷开始向信息技术领域提供大量资金，研究人工智能计算机。

（5）美国人启动Cyc项目。1984年，美国人道格拉斯·莱纳特带领的团队启动了Cyc项目，其目标是使人工智能在应用中能够以类似人类思维、推理的方式工作。随着人工智能的发展，可以发现从1980年以后，人工智能产品更加丰富多样，已经在很多领域被应用，不再仅仅局限于机器人了。

（6）遭遇低谷。在1987～1993年，由于人工智能被认定为并非下一个发展方向，人工智能研究的拨款受到了限制。在失去资金支持后，人工智能的研究跌入了低谷，人工智能的发展陷入瓶颈。但随后不久人工智能的研究又再次提上日程，开始逆袭之路。

（7）人工智能的复苏。1993年之后，人工智能迎来了其飞速发展阶段，在这个时期人工智能曾多次在与人类的比赛中击败人类。1997年5月11日电脑深蓝以3.5：2.5击败了国际象棋世界冠军卡斯帕罗夫，成为首个在标准比赛时限内击败国际象棋世界冠军的电脑系统。

（8）人工智能的蓬勃发展。2011年，IBM公司开发的使用自然语言回答问题的人工智能程序Watson参加了美国智力问答节目，并打败了两位人类冠军。同年，苹果公司发布了iPhone 4s，其亮点在于搭载了支持语音识别并能通过语音进行人机互动的Siri，而Siri也一直被业界认为应用了人工智能技术。

2013年，深度学习算法被提出，并广泛运用在产品开发中。Facebook人工智能实验室成立，探索深度学习领域，借此为Facebook用户提供更智能化的产品体验；谷歌收购了语音和图像识别公司DNNResearch，推广深度学习平台；百度也创立了深度学习研究院等。

2014年5月28日谷歌推出了一款新产品——无人驾驶汽车。与传统汽车不同，谷歌无人驾驶汽车内没有安装方向盘和刹车。无人驾驶汽车的出现，也认为是人工智能发展史上的一座丰碑。无人驾驶汽车是一种新型智能汽车，这种汽车也可以称为轮式移动机器人，其驾驶方式是依靠车内以计算机系统为主的智能驾驶仪来实现无人驾驶的。

2016年，围棋人工智能程序AlphaGo被研制成功，并在比赛中以4：1的成绩战胜围棋世界冠军李世石。2017年，AlphaGo被改进为Master，并再次出战横扫棋坛，让人类再次见识到了人工智能的强大。人工智能的发展历程如图3-4所示。

3.3.2 人工智能的发展现状

人工智能历经60余年的发展，虽然道路起伏曲折，但成就也可谓硕果累累。无论是在基础理论创新、关键技术突破方面，还是规模产业应用方面，都是精彩纷呈，使得我们每一天都在享受着这门学科带给我们的便利。

（1）专用人工智能取得突破性进展。面向特定领域的人工智能（即专用人工智能）由于应用背景需求明确、领域知识积累深厚、建模计算简单可行，因此形成了人工智能领域的单点突破，在局部智能水平的单项测试中可以超越人类智能。专用人工智能取得突破性进展如图3-5所示。

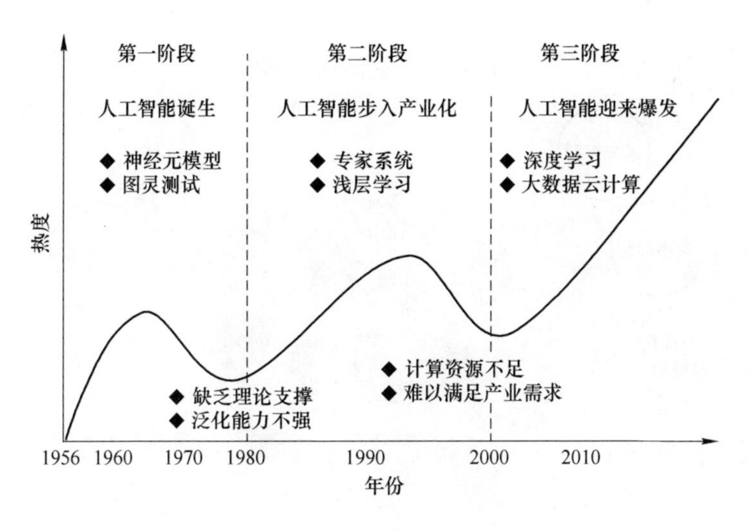

图 3-4 人工智能的发展历程

AlphaGo 系列在围棋比赛中碾压人类棋手

IBM Watson 在知识竞赛中战胜人类冠军

DeepStack 战胜德州扑克人类职业玩家

图 3-5 专用人工智能取得突破性进展

（2）专用人工智能的应用。人工智能在机器视觉、指纹识别、掌纹识别、视网膜识别、人脸识别、虹膜识别、专家系统、自动规划、智能搜索、智能控制、定理证明、博弈、自动程序设计、机器人学、语言和图像理解、遗传编程等方面得到广泛的应用，如图 3-6 所示。

在 5G 普及的未来，终端侧人工智能还将继续出现在更多的领域，带来更多的可能。

3.3.3 人工智能的发展趋势

当前人工智能处在一个从不能使用到可以使用的技术拐点，但也仅仅是可以使用，距离很好用还有诸多瓶颈。因此，在理论创新和产业应用上均存在着巨大的发展空间。人工智能的发展趋势有以下几点：

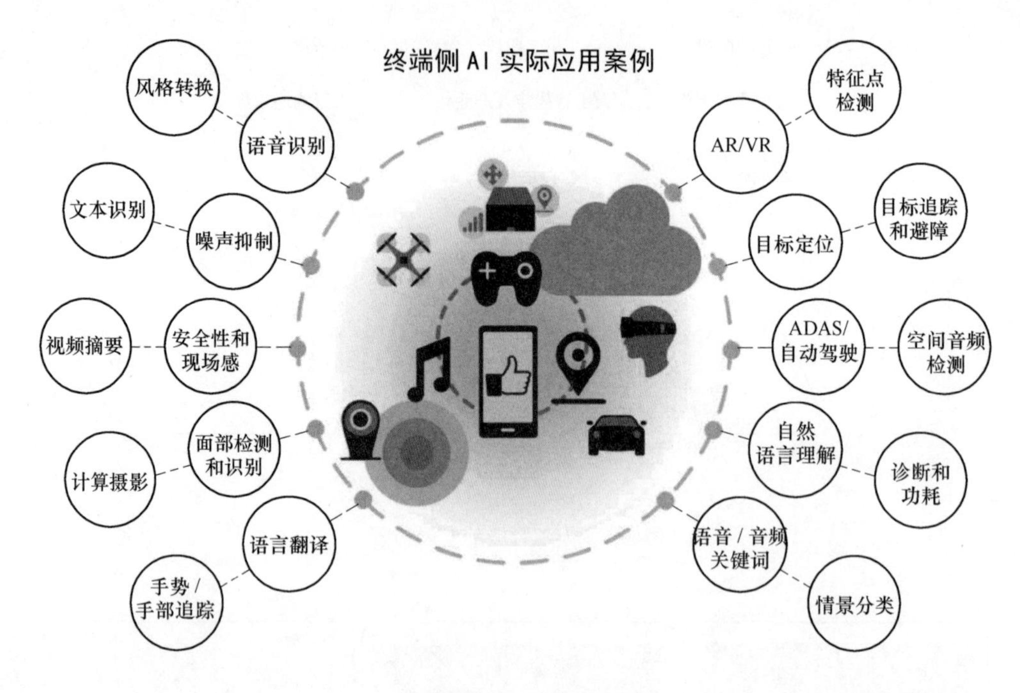

图 3-6 AI 应用

(1) 人工智能有望引领新一轮科技革命。人工智能在人类四次技术革命中处于顶端的提升认知阶段，如图 3-7 所示。

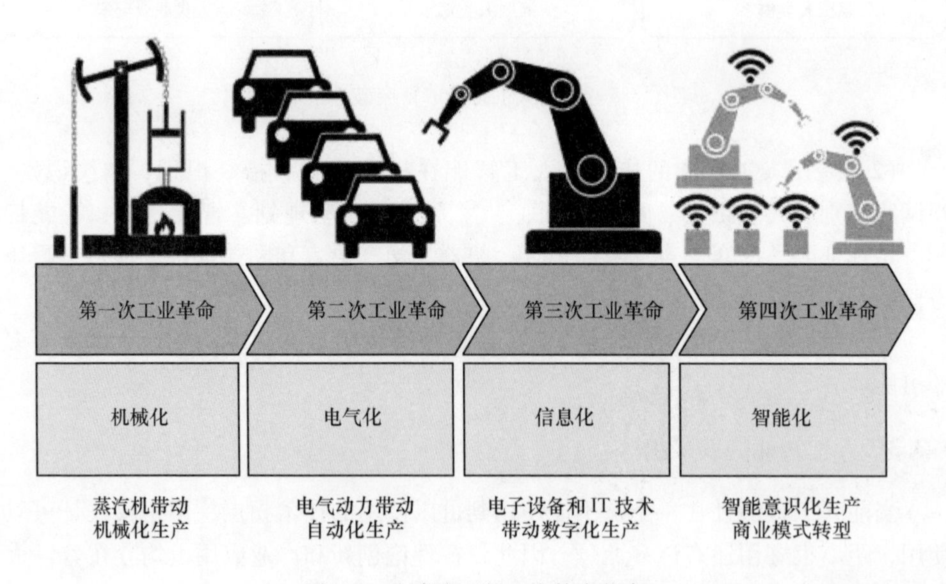

图 3-7 人类史上的四次技术革命

人工智能的发展将成为未来最具变革性的技术，不久的将来，无处不在的人工智能将成为一种发展趋势。

为促进和支持人工智能的发展，教育部专门发布了高校人工智能发展行动计划。国务院新的人工智能发展规划也明确指出，要在全国范围内的各个领域支持开展形式多样的人工智能科普活动。

（2）从专用智能到通用智能。如何突破专用智能的局限性，实现从专用智能到通用智能的跨越式发展，既是下一代人工智能发展的必然趋势，也是研究与应用领域的挑战问题。人工智能将在各个行业大爆发，如图 3-8 所示。

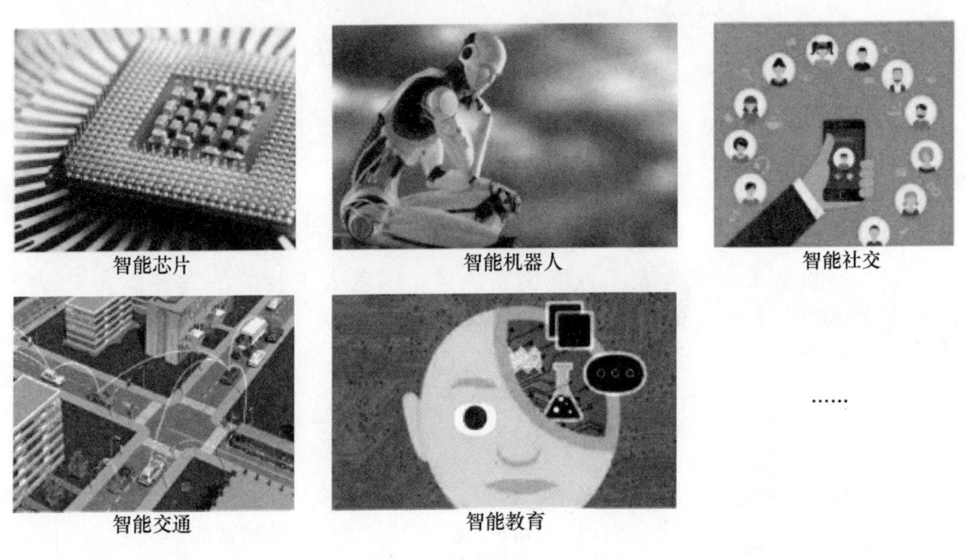

图 3-8 人工智能将在各个行业爆发

（3）从机器智能到人机混合智能。人工智能（或机器智能）与人类智能不尽相同，各有所长。因此，两者之间需要取长补短，融合多种智能模式的智能发展技术将是未来的发展方向，也必将在未来拥有广阔的应用前景。“人 + 机器”的组合将是未来人工智能研究的主流方向，“人机共存”将是人类社会的新常态。从机器智能到人机混合智能的演变如图 3-9 所示。

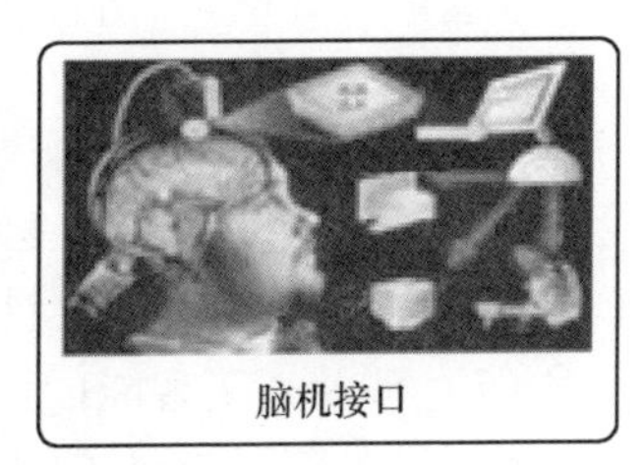

图 3-9 从机器智能到人机混合智能的演变

（4）从“人工＋智能”到自主智能系统。人工智能等于人工＋智能，付出多少人工才有多少智能。谷歌 CEO 在 2017 年的 I/O 大会上展示了 AutoMl，试图通过自动创建机器学习系统降低 AI 的人员成本，如图 3-10 所示。

图 3-10 AutoMl 的展示

（5）学科交叉将成为人工智能创新源泉。随着人工智能的发展，人工智能在各个学科的应用越来越广泛，因此学科交叉将成为人工智能创新的一个主要源泉，如图 3-11 所示。

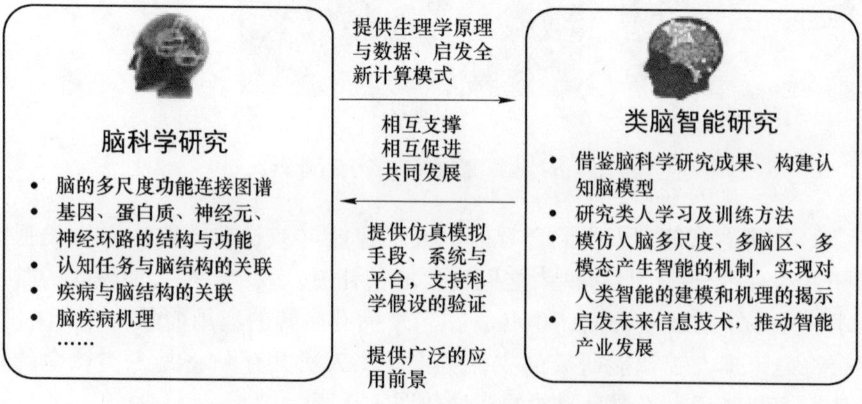

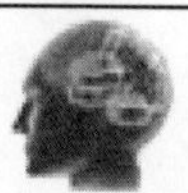

脑科学研究

- 脑的多尺度功能连接图谱
- 基因、蛋白质、神经元、神经环路的结构与功能
- 认知任务与脑结构的关联
- 疾病与脑结构的关联
- 脑疾病机理

……

提供生理学原理与数据、启发全新计算模式

相互支撑
相互促进
共同发展

提供仿真模拟手段、系统与平台，支持科学假设的验证

提供广泛的应用前景

类脑智能研究

- 借鉴脑科学研究成果、构建认知脑模型
- 研究类人学习及训练方法
- 模仿人脑多尺度、多脑区、多模态产生智能的机制，实现对人类智能的建模和机理的揭示
- 启发未来信息技术，推动智能产业发展

图 3-11 学科交叉将成为人工智能创新源泉

（6）人工智能产业将蓬勃发展。《新一代人工智能发展规划》提出：到 2030 年，人工智能核心产业要超过 1 万亿元规模，带动相关产业要超过 10 万亿元规模。我国人工智能市场发展趋势预测，如图 3-12 所示。

（7）涉及人工智能的法律法规将更为健全。由于人工智能涉及法理人伦方面诸多事务，联合国专门成立了人工智能机器人中心这样的监察机构。欧盟 25 个国家也签署人工智能合作宣言，共同面对人工智能在伦理法律方面的挑战。

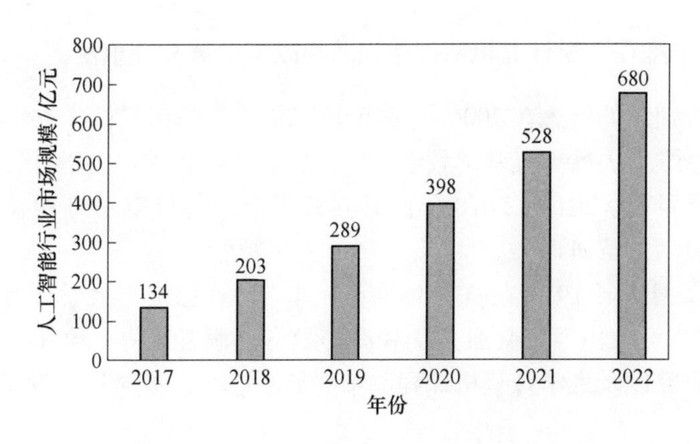

图 3-12　我国人工智能行业市场规模预测图

（数据来源：前瞻产业研究院整理）

（8）人工智能将成为更多国家的战略选择。基于人工智能在未来将占有越来越重要的地位，一些国家已经把人工智能的发展上升为国家战略，越来越多的国家做出这样的举措，包括智利、加拿大、韩国等，如图 3-13 所示。

加拿大将人工智能列入"新经济"六大支柱_网易科技

2017年3月23日 - (原标题:全球性大角逐:加拿大将人工智能列入"新经济"六大支柱) 世界各国对人工智能技术的比拼已经开始。 ...
tech.163.com/17/0323/1... - 百度快照

全球性大角逐:加拿大将人工智能列入"新经济"六大支柱

2017年3月27日 - 世界各国对人工智能技术的比拼已经开始。据媒体消息,加拿大政府正在挑选六大工业领域作为"新经济"支柱产业,以推动创新、增加就业。其中包括以人工智...
搜狐网 - 百度快照

CFA将人工智能列入考试内容折射啥_慧眼财经-慢钱头条

2017年5月15日 - 全球性大角逐:加拿大将人工智能列入"新经济"六大支柱_海外投资部落 世界各国对人工智能技术的比拼已经开始。据媒体消息,加拿大政府正在挑选六大工业领...
慢钱头条 - 百度快照

图 3-13　一些国家已经把人工智能上升为国家战略的网页截图

3.4　计算思维在计算机基础教学中的应用进一步加强

计算思维从提出后，得到学术界的广泛重视，我国将计算思维引入大学计算机中，各高校对计算机基础教学在计算思维方面进行了大量改革，取得了不菲的成绩。

3.4.1 计算思维在大学计算机基础课程教学改革中被充分重视

计算思维理念的概念在2006年被提出，2010年陈国良院士在中国科学技术大学将计算思维引入计算机基础教学中，之后，计算思维在大学计算机基础教学中得到了广泛重视。2012～2018年间共召开了七届与计算思维相关的大学计算机基础课程教学改革研讨会。

2012年7月16～19日在西安举办第一届“计算思维与大学计算机课程教学改革研讨会”，会议由西安交通大学和高等教育出版社承办。会中介绍了国内有关计算思维研究以及大学计算机课程改革的最新进展，指导将计算思维融入课程教学中。

2013年7月，由教育部高等学校大学计算机课程教学指导委员会主办的第二届全国“计算思维与大学计算机课程教学改革研讨会”暨“教育部高等学校大学计算机课程教学指导委员会”第一次全体会议在哈尔滨马迭尔宾馆召开。期间，来自清华大学、复旦大学、中国人民大学、同济大学、中国科学技术大学、北京理工大学、合肥工业大学、中国农业大学等近200所高校的500多名专家学者参加此次会议。

2015年5月23～24日两天，由教育部大学计算机课程教学指导委员会、文科计算机基础教学指导分委员会联合主办，四川省高等院校计算机基础教育研究会、西南财经大学、成都医学院、成都中医药大学和电子工业出版社联合承办的“第三届全国高校计算思维与大学计算机高峰论坛”暨“大学计算机（计算思维）课程研讨会”，在成都金港湾酒店举行，川渝高校从事大学计算机课程和计算思维教学改革的团队负责人、一线教师等共计70多人参加了会议。

2015年7月29～30日，由教育部高等学校大学计算机课程教学指导委员会主办，大连理工大学电子信息与电气工程学部计算机基础实验教学中心和高等教育出版社承办的第四期“计算思维与大学计算机课程教学改革研讨会”在大连理工大学国际会议中心召开。

2016年7月14日第五届“计算思维与大学计算机课程教学改革研讨会”在山东青岛举行，组织单位是中华医学会和中华医学会重症医学分会。

2017年7月24～26日由教育部高等学校大学计算机课程教学指导委员会主办的第六届“计算思维与大学计算机课程教学改革研讨会”在成都召开。

2018年7月29～31日第七届“计算思维与大学计算机课程教学改革研讨会”在西安召开。

3.4.2 将计算思维引入高校计算机基础课程后的教学改革

教师在将计算思维引入计算机基础教学之前，需要提前了解学校的计算机基础教学情况，这样才能有效地将计算思维应用于计算机基础课程教学体系中。作为高校的计算机教师，不仅仅是教授学生计算机基础知识，重要的是培养学生的自主学习能力，使得学生能主动参与计算机基础课程的学习。计算机教师要在计算机基础课中培养学生的计算思维，需要让学生先理解何为计算思维，还需要利用计算思维培养学生用计算机解决实际问题的能力，让学生真正做到将理论知识应用于实际中。计算思维的教学目标如图 3-14 所示。教师可以从以下几个方面将计算思维应用于教学中，从而提高学生的能力。

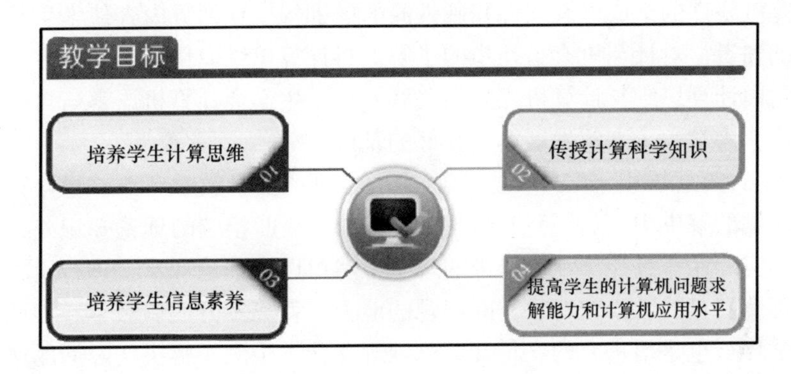

图 3-14 计算思维的教学目标

（1）改革现有的教学环节，在教学过程中引入计算思维。在计算机基础教学课程体系中使用计算机语言描述现实问题。第一，可以培养和引导学生，高校可以通过创造现实情境，让学生以计算机的角度去思考问题，让学生能够主动思考问题的本质。第二，计算机老师应该让学生学会简化和分析问题，找出解决问题的关键点，并学会用计算机语言进行分析和总结，旨在培养学生的抽象思维能力，将现实问题抽象化，能够提高学生解决问题的能力。第三，学生应该学会处理问题的流程，在解决其他问题时，学生应该学会灵活变通，能够举一反三。

除以上三点外，计算思维教育应当以宽度教学开始，以深度教学结束。在教学过程中采用案例驱动，将计算思维蕴含在案例中，案例中蕴含思维，案例讲述的不是事实，而是讲述隐含在事实背后的思维。通过《计算机基础》课程的学习，大学生能系统的掌握计算机的基础知识，包括计算机的硬件技术、硬件系统的基本工作原理和通用软件的使用方法，还有现在人们无时无刻都离不开的网络知识。计算思维提高了大学生的抽象思维能力和解决问题的能力，为大学期间学生后续课程的学习奠定基础。

（2）在教学内容的选择中启用计算思维。高校计算机老师应该以计算思维为主要教学目标，将计算思维应用于教学内容中。计算思维在计算机基础教学中主要应用于以下三种教学内容中。

1）将计算思维引入计算机意识培养中。将计算思维理念引入学生计算机意识培养方面，学生刚刚进入高校，对计算机的认知比较浅显，没有计算机意识。计算机意识培养就是培养学生的主观意识，让学生充分认识到计算机的作用，将计算思维应用于这门课程的教学内容中，能够引导学生初步认识到计算思维的内涵，让学生学会将计算思维应用于解决实际问题中。

2）将计算思维引入计算机基础理论教学中。计算机基础理论部分是高校教学体系中必不可少的。这部分主要是计算机基础知识的讲解，如计算机软件的分类、计算机硬件的组成以及软件和硬件间的区别等。这部分内容使学生具备了计算机基础知识，对计算机有了初步的了解。将计算思维应用于教学内容中，能够让学生明白计算思维与计算机之间的关联，让学生学会计算机语言与自然语言之间的转化，为学生未来的发展奠定良好的基础。

3）将计算思维引入实际问题的解决中。改革实验教学环节，将计算思维融于实际问题的解决中，《计算机基础》课程除了掌握相应的理论知识外，还要掌握相关的实际操作技能。计算思维的理念虽然可以在理论课堂上进行讲授，但想将这种理念真正的转换为解决实际问题的能力，就离不开实验教学，因此，抓好实验教学环节也是很重要的。将计算思维理念让学生融于解决实际问题中的前提是理论课中计算思维概念的理解，之后在实践课中给学生提出问题，让学生将问题进行分解，最终归纳为 0 和 1，得出算法，编程解决问题。牡丹江师范学院《计算机基础》理科专业可设的语言类课程是 C 语言，学生通过计算思维的掌握，可以通过分析、归纳，最后通过编程解决难题。

（3）通过评价模式，检验计算思维能力培养对《计算机基础》教学的效果。计算思维是一种以计算机程序运行逻辑，进行对应的思维逻辑。计算思维的特征是数据、结果、运算逻辑相对独立。严格来说计算机思维只是一种算法，计算思维和计算机硬件本身无关，可以针对这种算法，开发出在任何硬件和操作系统平台上都能运行的程序。计算思维的理念是，可以将一切事物最后都归纳为 0/1、程序和递归，我们可以形象地用一棵树来表达它，如图 3-15 所示。对于研究计算思维在《计算机基础》教学中应用效果的研究，我们主要通过实验效果研究、学生行动研究以及评价研究一系列的方法。在实验研究中我们通过给学生提出客观实际问题，如典型的百元百鸡，学生通过掌握的计算思维理念将问题最后归纳为 0 和 1 的根节点，最后学生拿出实践模式。通过验证，可以证实学生在掌握计算思维理念后提高了创新能力。

通过对计算思维应用于《计算机基础》的教学研究，我们发现计算思维的培养不仅提高了学生解决实际问题的能力，还提高了学生的创新能力。计算思维的应用改变了传统的教学模式，解决了《计算机基础》课程的需求，激发了学生的主观能动性，并且促进了学生创造性思维的形成。

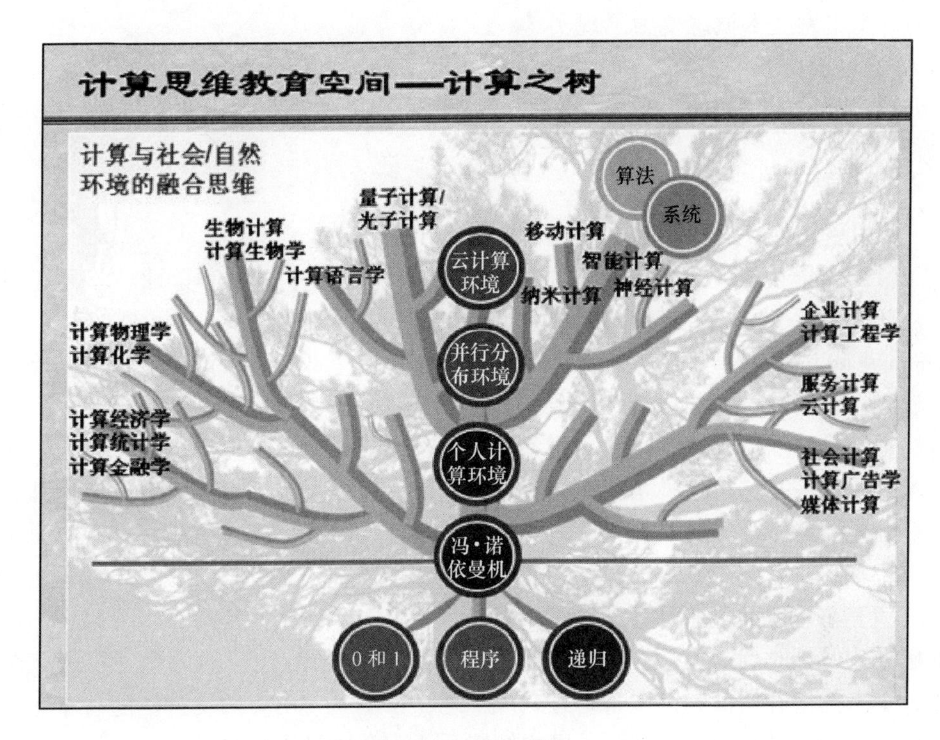

图 3-15 计算之树

3.5 智能手机的发展对计算机基础的影响

随着科技的发展，智能手机已开始逐步取代个人计算机渗透到人们生活的各个方面。

3.5.1 手机的出现

1902 年，一个叫做“内森·斯塔布菲尔德”的美国人在肯塔基州默里的乡下住宅内制成了第一个无线电话装置，如图 3-16 所示。这部可无线移动通信的电话就是人类对“手机”技术最早的探索研究。

图 3-16 第一个无线电话装置
（图片来源于 http://www.sina.com.cn）

1938 年，美国贝尔实验室为美国军方制成了世界上第一部“移动电话”。1943 年，二战美军无线电话问世，必须有一人背天线及电台。

1947 年提出的移动电话概念和 70 年代提

出的蜂窝组网技术概念变为了现实。

1973 年 4 月，美国著名的摩托罗拉公司工程技术员“马丁 · 库帕”发明世界上第一部推向民用的手机，“马丁 · 库帕”也由此被称为现代“手机之父”。

3.5.2 智能手机的发展历程

手机更新换代，如图 3-17 所示。

（1）智能手机发展初期。智能手机发展初期苹果手机风靡全球。苹果凭借着其 iPhone 手机引爆了整个全球智能手机的发展。尤其是到苹果第四代手机 iPhone 4 和 iPhone 4s 的时候，iPhone 手机更是风靡全球，不少用户甚至不惜代价只为买一个 iPhone 手机。而在苹果智能手机的推动下，全球各地的智能手机厂商也都开始纷纷推出各种各样的智能手机。通过奋起直追，三星手机逐渐成为了在高端市场唯一能够与苹果匹敌的智能手机品牌。在国内市场，国产手机们也开始纷纷崛起，并形成了苹果、三星之外的四强格局：中兴、华为、酷派、联想，史称“中华酷联”。

（2）智能手机发展中期。智能手机发展到中期，小米模式悄然崛起，国产手机进入低价时代，在国内的智能手机市场，以小米为代表的低价手机迅速崛起，小米凭借着低价和饥饿营销方式成功地获得了大量用户的支持。随着小米手机销量不断攀升甚至一度排到了国内智能手机市场销量排行榜的冠军位置。在受到小米手机的冲击后，越来越多的智能手机都开始推出低价手机，并与小米开始了价格战，同时在这期间也涌现出了大量的互联网品牌低价手机，诸如锤子、一加、荣耀等。

（3）智能手机发展后期。智能手机发展到后期，小米逐渐没落，OPPO、ViVO、乐视生态手机崛起在国内市场，小米手机开始走下坡路，以乐视为代表的生态手机开始崛起。而在中高端智能手机市场，苹果、三星也正在开始受到来自华为、ViVO、OPPO 等智能手机的冲击。

根据 IDC 国际数据公司发布的手机季度跟踪报告，2016 年 Q2 国内智能手机市场份额华为排名第一，与此同时 OPPO、ViVO 两大智能手机的市场份额也大幅攀升，而小米的市场占有率从 2015 年第二季度的 17.1% 下降至 9.5%，是市场占有率排名前五的厂商中降幅最大的。OPPO、ViVO 在中高端智能手机市场迅速崛起，而小米则受到了来自荣耀、乐视生态手机的强烈冲击。

（4）华为手机的发展。华为开始发展手机是在 2003 年底，如今，华为已经在手机行业发展了 15 年，这对一个企业来说，不算长也不算短了。

2009 年，华为发布了首款智能手机，在中国智能手机萌芽的时候，走出了一条运营商定制机路线，与当时的中兴、酷派、联想并称为“中华酷联”，如图 3-18 所示。

手机换代：从1G到4G

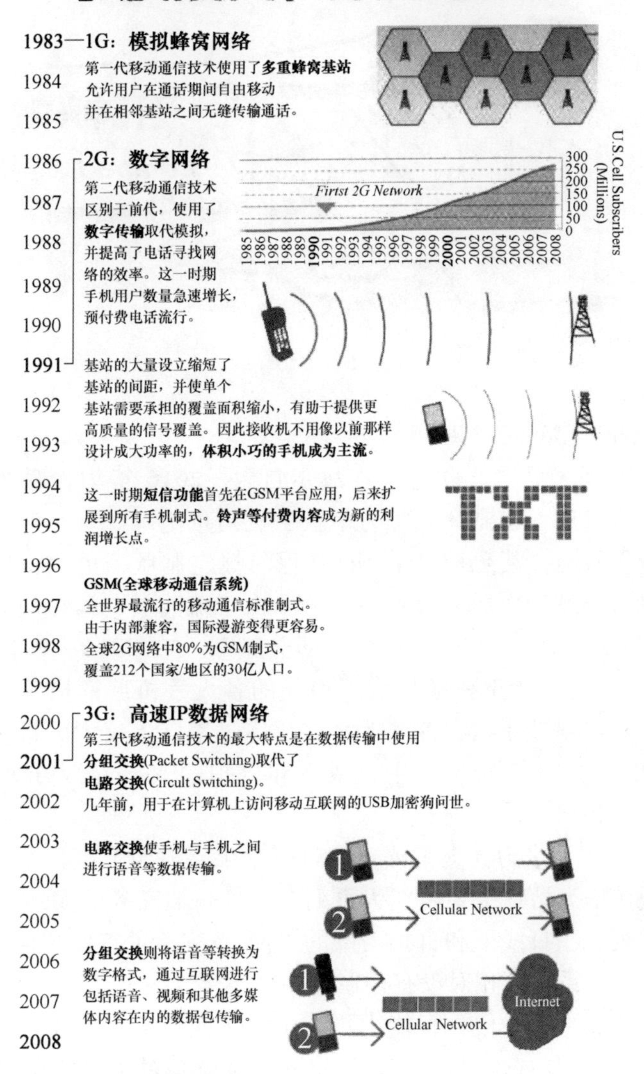

	标准	技术	短信	语音	数据	数据传输率
1G	AMPS，TACS	模拟	无	电路交换		无
2G	GSM，CDMA，GPRS，EDGE	数字	有	电路交换		236.8 kbps
3G	UTMS，CDMA2000，HSDPA，EVDO			电路	分组	384 kbps
4G	LTE Advanced，IEEE 80216（WiMax）			分组交换		

图 3-17　手机更新换代

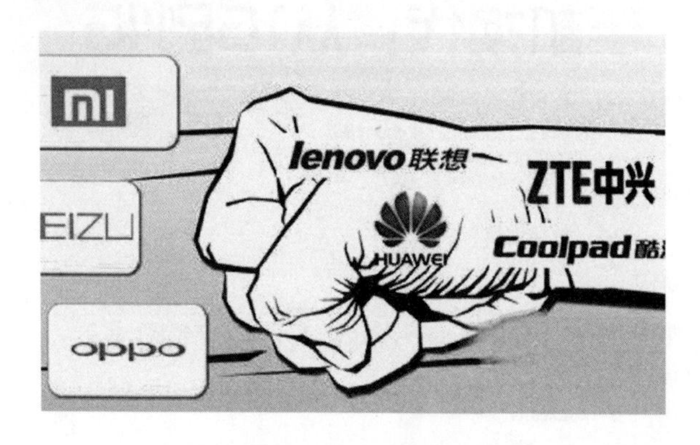

图 3-18 中华酷联

2014 年的 P7、Mate7，2015 年的 P8、Mate8，华为一步步迈向中高端市场，而此时，中兴、酷派、联想还在故步自封。2016 年华为联合徕卡推出的 P9（Plus）大获成功，也刷新了华为单款手机销量纪录。下半年，华为又发布大屏旗舰 Mate9 系列，甚至推出了 Mate9 保时捷定制版，也取得成功。从此华为在高端手机市场站稳了脚跟。此后的 P10 由于疏油层、闪存门等问题并不算成功，好在 Mate10 系列为华为挽回了部分销量。在 2016 ~ 2017 年，OPPO、ViVO 风靡线下市场，让正在猛攻线上市场的各大手机厂商措手不及，大家又纷纷调转枪头、深耕线下，又是华为率先反应过来，不仅大力推广线下店，甚至模仿起 OPPO、ViVO，推出了主打线下和自拍的 Nova 系列，取得了不错的成绩。

2018 年上半年，华为（含荣耀）超过了苹果，成为上半年全球手机销量第二的厂商。现在华为品牌主要是四大系列。主打高端商务的 Mate 系列，主打高端时尚的 P 系列，主打线下和自拍美颜的 Nova 系列，主打低端性价比的畅享系列，此外还有麦芒系列，相对没有存在感。

随着移动互联网的入侵，智能手机在中国快速普及。2011 年中国智能手机出货量在 1.23 亿台左右，到了 2013 年这一数字就超过 4 亿，在 2013 ~ 2015 年间，中国智能手机每年的出货量变化并不明显，呈现了缓慢的上升趋势。这意味着智能手机在中国已经到了普及阶段，中国的智能手机市场已经由增量市场变为存量市场。中国智能手机出货量变化趋势如图 3-19 所示。

3.5.3 手机在计算机基础硬件知识点讲解中的应用

计算机系统组成部分是计算机基础中一个重要的知识点，要求每个学生必须熟练掌握。以往的教学方法是利用 PPT 打出计算机系统的组成图片，如图 3-20 所示。

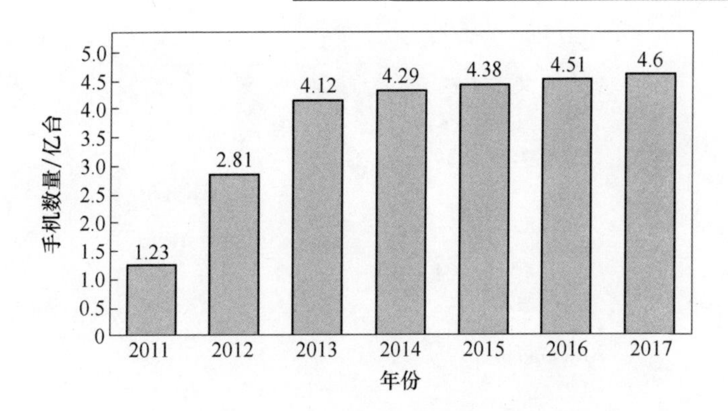

图3-19 中国智能手机年出货量变化趋势

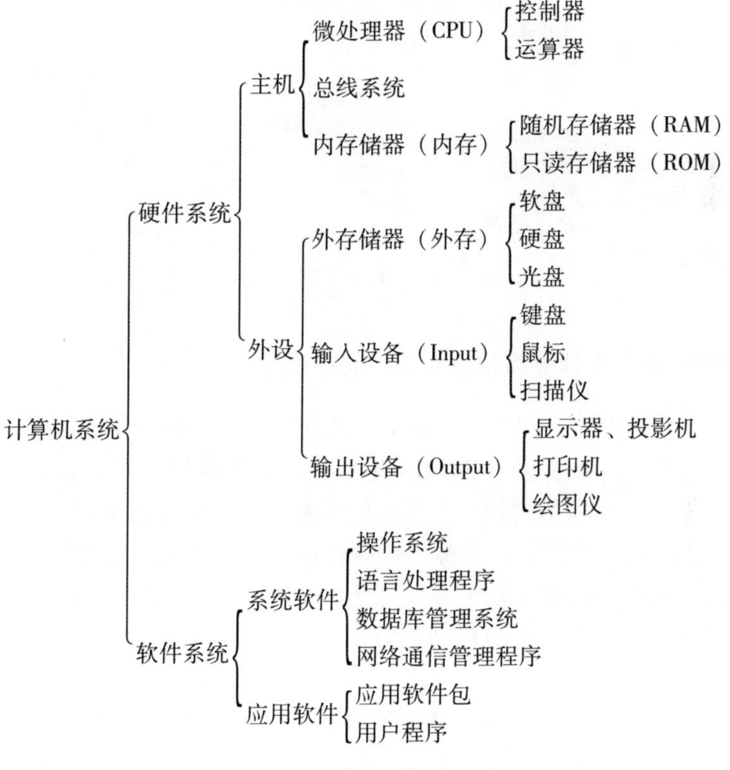

图3-20 计算机系统的组成

这种教学方式不形象，学生难以理解，随着智能手机的发展，每一部手机都是一台微型计算机，对计算机系统的组成部分的讲解可以通过手机的“设置”中“关于手机”页面进行讲授，如图3-21所示。

通过如上图片对计算机的组成进行讲授，可以加强学生的学习兴趣，有利于该知识点的掌握。

← 关于手机

设备名称	HUAWEI Mate 10 >
型号	ALP-AL00
版本号	9.0.0.181(C00E87R1P20) GPU Turbo
EMUI 版本	9.0.0
Android 版本	9
IMEI	860980039077849 860980039147931
MEID	A000008CB8ABD3
处理器	HiSilicon Kirin 970
运行内存	6.0 GB
手机存储	可用空间：53.66 GB 总容量：128 GB
屏幕	2560 x 1440

图 3-21 “关于手机”页面

3.5.4 雨课堂在大学计算机基础教学中的应用

随着信息化的发展，智能手机基本普及到每一个用户，使得人们的生活和学习方式等都发生了巨大变化，到 2018 年 6 月，手机联网用户已达互联网接入设备的98.3%。移动互联网的快速发展促使多种信息手段被运用到教学当中，并不断地改变着传统的教学方式，教师利用信息技术为学生提供适当的学习资源和教学活动，采取面对面的传统教学和数字化的在线学习相结合的混合式教学模式，成为一种当前高校教学改革与创新的方向。来自 CNNIC 的互联网接入设备使用情况如图 3-22 所示。

（1）雨课堂的概念。雨课堂由学堂在线与清华大学在线教育办公室共同研发，旨在连接师生的智能终端，将课前—课上—课后的每一个环节都赋予全新的体验，最大限度地释放教与学的能量，推动教学改革。

雨课堂将复杂的信息技术手段融入 PowerPoint 和微信中，在课外预习与课堂教学间建立沟通桥梁，让课堂互动永不下线。使用雨课堂，教师可以将带有 MOOC 视频、习题、语音的课前预习课件推送到学生手机，师生沟通及时反馈，课堂上实时答题、弹幕互动，为传统课堂教学师生互动提供了完美解决方案。雨课堂科学地覆盖了课前—课上—课后的每一个教学环节，为师生提供完整立体的

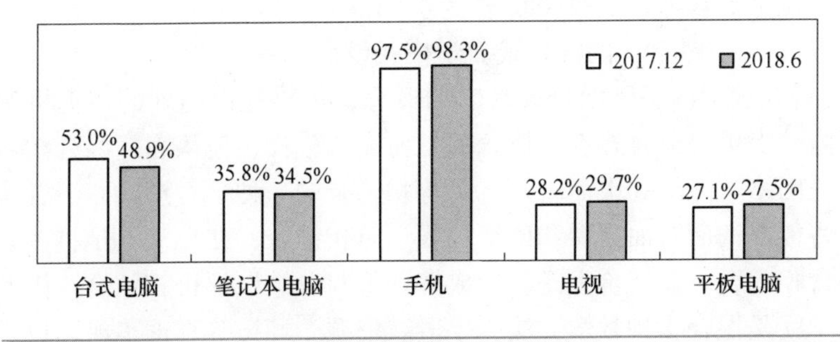

图 3-22 互联网接入设备使用情况

数据支持，个性化报表、自动任务提醒，让教与学更明确。雨课堂的教学模式，如图 3-23 所示。

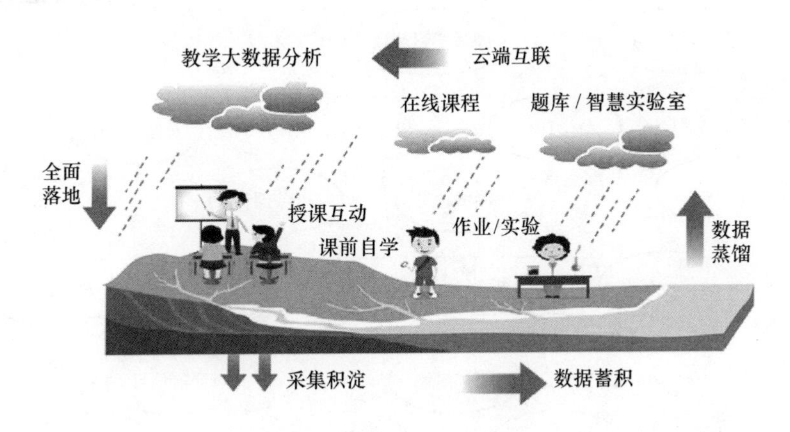

图 3-23 雨课堂的教学模式

（2）雨课堂的主要功能。

1）幻灯片同步。教师可以将幻灯片同步到学生手机，学生在浏览时如果没有理解可以通过点击幻灯片下方的“不懂”按钮反馈给教师。

2）测试系统。教师可以在 PPT 中添加试题对学生进行测试，并设定学生的提交时间，学生则通过手机微信中的界面作答，及时了解学生掌握知识点的程度。

3）课件推送。教师可以利用课前或课后时间向学生推送“手机课件”，通过课件的推送，让学生达到预习知识的效果，这样在课堂上学生对知识的理解会更轻松、更透彻。

4）数据统计。雨课堂的课堂应答系统、“不懂”按钮、“弹幕式”讨论、“手机课件”的推送等功能可以自动采集每位学生在学习过程中的数据，并生成图表的形式显示给教师，供教师教学参考。

（3）基于“雨课堂”的混合式教学模式设计。

1）混合式教学。关于混合式教学的概念，最早是由国外的培训机构提出来的，在国内首次提出混合式教学概念的是何克抗教授，他认为：混合学习是克服传统学习与网络学习的局限而将两者优势相结合的一种学习形式。混合式教学在形式上是将传统的面对面授课和网络在线学习相结合，在技术上是将多媒体资源与学习平台相整合。在评价上是将形成性评价与总结性评价相结合。因此，采用混合式教学就是混合多种教学方法、手段、资源、环境等真正实现“以学生为主体，以教师为主导”的理念。

2）混合式教学模式设计。基于“雨课堂”的混合式教学模式主要从前端分析、课程设计、教学组织、教学评价四个主要方面设计。混合式教学模式，如图 3-24 所示。

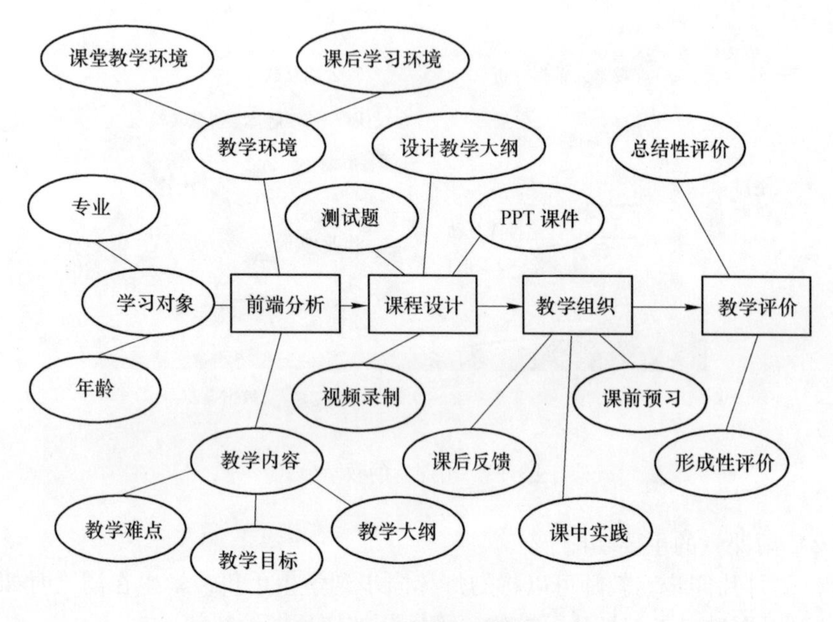

图 3-24　混合式教学模式

前端分析主要是对学习对象、教学内容和学习环境三个要素进行分析，其中，学习对象主要分析学生的年龄、专业特征；教学内容主要是对教学目标、教学大纲、教学中难点进行分析；学习环境是包括课堂教学环境和课前课后学习环境，是开展“雨课堂”教学的重要因素。

课程设计主要包括对每个任务所需知识点进行微视频录制，设计教学大纲、PPT 课件、测试题等，同时，还要设计一些拓展内容，供学生提高能力使用。

教学组织主要分为课前预习、课中实践、课后反馈三个阶段，是基于“雨课堂”的混合式教学模式设计的重要环节。

教学评价由形成性评价和总结性评价构成，形成性评价主要参照课前预习数据、课堂测试质量、自评与互评等。总结性评价主要由学期期末考试、项目成果作品等构成。

3.6 云计算技术在计算机基础教学中的应用

3.6.1 什么是云计算

云计算是一种基于因特网的超级计算模式，在远程的数据中心里，成千上万台电脑和服务器连接成一片电脑云。因此，云计算甚至可以让你体验每秒 10 万亿次的运算能力，拥有这么强大的计算能力可以模拟核爆炸、预测气候变化和市场发展趋势。用户通过电脑、笔记本、手机等方式接入数据中心，按自己的需求进行运算，如图 3-25 所示。

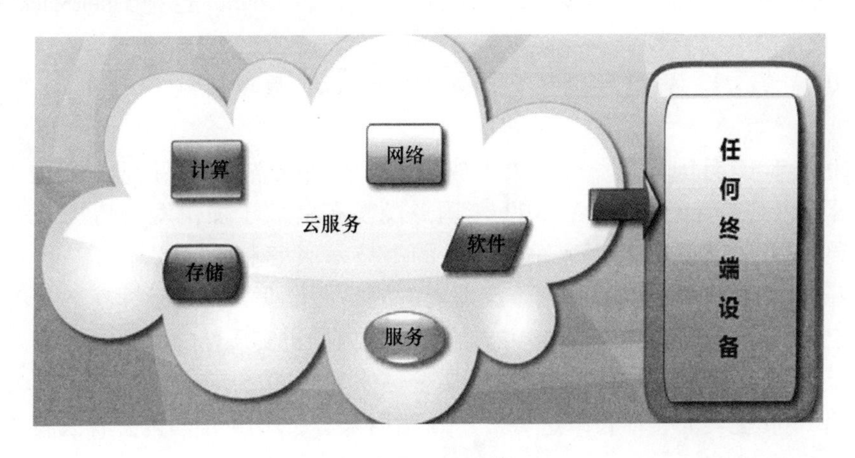

图 3-25 云计算

（1）云计算的发展历程。2006 年 8 月 9 日，Google 首席执行官埃里克·施密特在搜索引擎大会上首次提出“云计算”的概念。Google“云端计算”源于 Google 工程师克里斯托弗·比希利亚所做的“Google101”项目。

2007 年 10 月，Google 与 IBM 开始在美国大学校园，包括卡内基梅隆大学、麻省理工学院、斯坦福大学、加州大学伯克利分校及马里兰大学等，推广云计算的计划，这项计划希望能降低分布式计算技术在学术研究方面的成本，并为这些大学提供相关的软硬件设备及技术支持，而学生则可以通过网络开发各项以大规模计算为基础的研究计划。

2008 年 1 月 30 日，Google 宣布在中国台湾启动“云计算学术计划”，将与中国台湾台大、交大等学校合作，将这种先进的大规模、快速的云计算技术推广到校园。

2008 年 2 月 1 日，IBM（NYSE：IBM）宣布将在中国无锡太湖新城科教产业园为中国的软件公司建立全球第一个云计算中心。

2008 年 7 月 29 日，雅虎、惠普和英特尔宣布一项涵盖美国、德国和新加坡的联合研究计划，推出云计算研究测试床，推进云计算。该计划要与合作伙伴创建 6 个数据中心作为研究试验平台，每个数据中心配置 1400 ~ 4000 个处理器。这些合作伙伴包括新加坡资讯通信发展管理局、德国卡尔斯鲁厄大学 Steinbuch 计算中心、美国伊利诺伊大学香宾分校、英特尔研究院、惠普实验室和雅虎。

2008 年 8 月 3 日，美国专利商标局网站信息显示，戴尔正在申请“云计算”商标，此举旨在加强对这一未来可能重塑技术架构的术语的控制权。

2010 年 7 月，美国国家航空航天局和包括 Rackspace、AMD、Intel、戴尔等支持厂商共同宣布“OpenStack”开放源代码计划，微软在 2010 年 10 月表示支持 OpenStack 与 Windows Server 2008R2 的集成，而 Ubuntu 已把 OpenStack 加至 11.04 版本中。

2011 年 2 月，思科系统正式加入 OpenStack，重点研制 OpenStack 的网络服务。

2010 年 10 月国务院发布《关于加快培育发展战略性新兴产业的意见》，将云计算纳入战略性新兴产业；2011 年国务院发布《关于加快发展高技术服务业的指导意见》，将云计算列入重点推进的高技术服务业；2015 年，工信部启动“十三五”纲要，将云计算列为重点发展的战略性产业，打造云计算产业链。国家关于云计算的政策逐渐从战略方向的把握走向推进实质性的应用。

云计算产业处于快速发展阶段。从全球来看，2015 年云计算服务市场规模将达到 1800 亿美元，增长率达 18%。从国内来看，2015 年国内公有云服务市场规模将超过 90 亿元。

（2）云计算的特点。

1）超大规模。“云”具有相当的规模，Google 云计算已经拥有 100 多万台服务器，Amazon、IBM、微软、Yahoo 等的“云”均拥有几十万台服务器。企业私有云一般拥有数百上千台服务器。“云”能赋予用户前所未有的计算能力。

2）虚拟化。云计算支持用户在任意位置、使用各种终端获取应用服务。所请求的资源来自“云”，而不是固定的有形的实体。应用在“云”中某处运行，但实际上用户无需了解、也不用担心应用运行的具体位置。只需要一台笔记本或者一个手机，就可以通过网络服务来实现我们需要的一切，甚至包括超级计算这样的任务。

3）高可靠性。“云”使用了数据多副本容错、计算节点同构可互换等措施来保障服务的高可靠性，使用云计算比使用本地计算机可靠。

4）通用性。云计算不针对特定的应用，在“云”的支撑下可以构造出千变万化的应用，同一个“云”可以同时支撑不同的应用运行。

5）高可扩展性。“云”的规模可以动态伸缩，满足应用和用户规模增长的需要。

6）按需服务。“云”是一个庞大的资源池，按需购买；云可以像自来水、电、煤气那样计费。

7）极其廉价。由于“云”的特殊容错措施可以采用极其廉价的节点来构成云，“云”的自动化集中式管理使大量企业无需负担日益高昂的数据中心管理成本，“云”的通用性使资源的利用率较之传统系统大幅提升，因此用户可以充分享受“云”的低成本优势，经常只要花费几百美元、几天时间就能完成以前需要数万美元、数月时间才能完成的任务。

云计算可以彻底改变人们未来的生活，但同时也要重视环境问题，这样才能真正为人类进步做贡献，而不是简单的技术提升。

8）潜在的危险性。云计算服务除了提供计算服务外，还必然提供了存储服务。但是云计算服务当前垄断在私人机构（企业）手中，而他们仅仅能够提供商业信用。对于政府机构、商业机构（特别像银行这样持有敏感数据的商业机构）对于选择云计算服务应保持足够的警惕。一旦商业用户大规模使用私人机构提供的云计算服务，无论其技术优势有多强，都不可避免地让这些私人机构以“数据（信息）”的重要性挟制整个社会。对于信息社会而言，“信息”是至关重要的。另一方面，云计算中的数据对于数据所有者以外的其他云计算用户是保密的，但是对于提供云计算的商业机构而言确实毫无秘密可言。所有这些潜在的危险，是商业机构和政府机构选择云计算服务，特别是国外机构提供的云计算服务时，不得不考虑的一个重要的前提。

在云计算环境下，软件技术、架构将发生显著变化。首先，所开发的软件必须与云相适应，能够与虚拟化为核心的云平台有机结合，适应运算能力、存储能力的动态变化；二是要能够满足大量用户的使用，包括数据存储结构、处理能力；三是要互联网化，基于互联网提供软件的应用；四是安全性要求更高，可以抗攻击，并能保护私有信息；五是可工作于移动终端、手机、网络计算机等各种环境。

（3）云计算下的软件开发。云计算环境下，软件开发的环境、工作模式也将发生变化。虽然，传统的软件工程理论不会发生根本性的变革，但基于云平台的开发工具、开发环境、开发平台将为敏捷开发、项目组内协同、异地开发等带来便利。软件开发项目组内可以利用云平台，实现在线开发，并通过云实现知识积累、软件复用。

云计算环境下，软件产品的最终表现形式更为丰富多样。在云平台上，软件可以是一种服务，如 SAAS，也可以就是一个 WebServices，也可能是可以在线下载的应用，如苹果的在线商店中的应用软件等。软件的开发投入每年都在大量的增加，据统计 2018 年我国在软件开发投入方面就有 6. 4 万亿元，预计到 2023 年投入将达到 9. 1 万亿元，如图 3-26 所示。

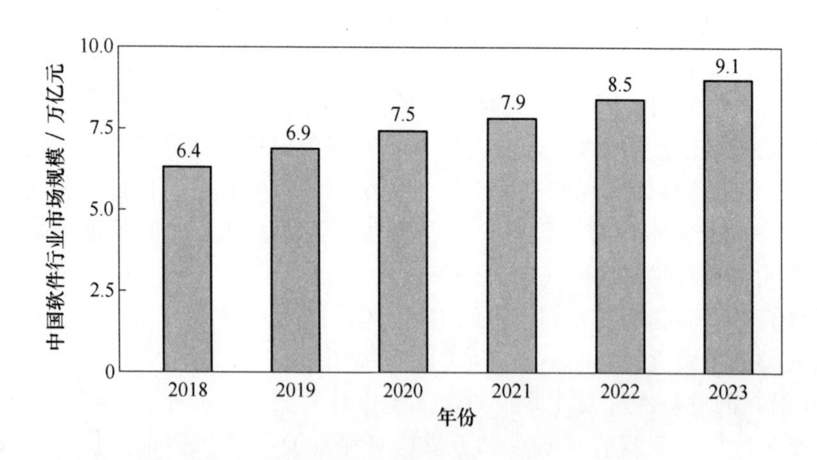

图 3-26　2018 ~2023 年软件开发投入资金变化情况

（4）云计算下的软件测试。在云计算环境下，由于软件开发工作的变化，也必然对软件测试带来影响和变化。

软件技术、架构发生变化，要求软件测试的关注点也应做出相对应的调整。软件测试在关注传统的软件质量的同时，还应该关注云计算环境所提出的新的质量要求，如软件动态适应能力、大量用户支持能力、安全性、多平台兼容性等。云测试模式如图 3-27 所示。

云计算环境下，软件开发工具、环境、工作模式发生了转变，也就要求软件测试的工具、环境、工作模式也应发生相应的转变。软件测试工具应工作于云平台之上，测试工具的使用应通过云平台来进行，而不再是传统的本地方式；软件测试的环境可移植到云平台上，通过云构建测试环境；软件测试应该可以通过云实现协同、知识共享、测试复用。

软件产品表现形式的变化，要求软件测试可以对不同形式的产品进行测试，如 WebServices 的测试、互联网应用的测试、移动智能终端内软件的测试等。

云计算的普及和应用还有很长的道路要走，社会认可、人们习惯、技术能力，甚至是社会管理制度等都应做出相应的改变，方能使云计算真正普及。但无论怎样，基于互联网的应用将会逐渐渗透到每个人的生活中，对我们的服务、生活都会带来深远的影响。要应对这种变化，我们也很有必要讨论我们业务未来的发展模式，确定我们努力的方向。

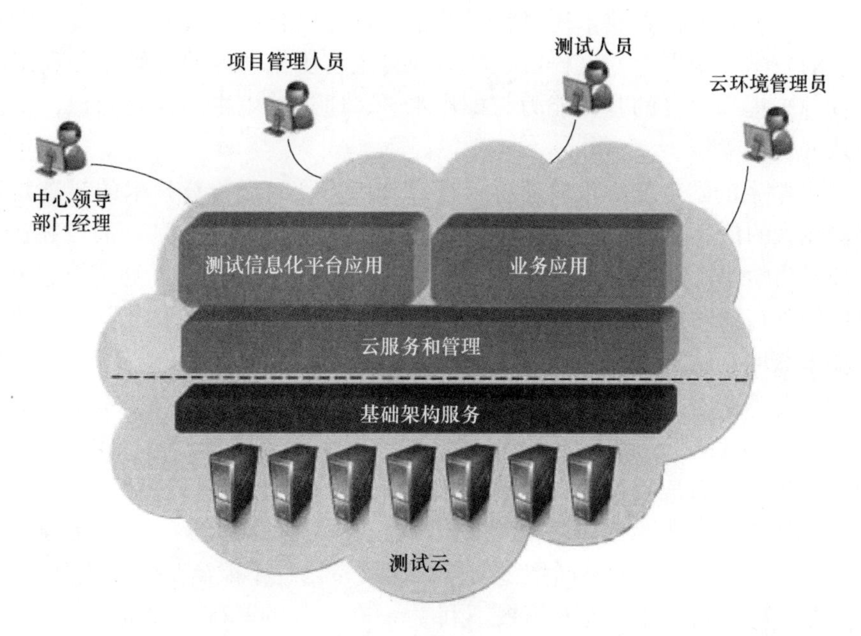

图 3-27　云测试模式

3.6.2　高校计算机基础教学中云计算技术的应用

（1）计算机基础教师可以借助云计算技术构建虚拟资源库，为自己提供丰富的教学资源。云计算技术充分结合了计算机技术及互联网技术，在实际应用中能够为使用者提供高效数据处理服务以及安全的信息资源存储服务[33]。对于高校计算机基础课程的教师，可以根据自己的教学需求，借助云计算技术，在互联网中建立起自己的虚拟资源库，将互联网搜集到的信息或者他人传输的信息均存储到资源库中，同时也可将自己存储的优秀资源同其他教师进行共享，拓展信息的应用范围。同传统的借助课本教材讲解方式相比较，借助云计算技术构建的虚拟资源库可摆脱知识禁锢，为学生带去大量的丰富知识，这样可以大大提高学生的学习积极性。在实际的教育教学中，教师还可以将网络资源同课本资源进行结合，帮助学生更好地掌握计算机基础知识，拓展学生的认知，以获得显著的教学效果[33]。

（2）计算机基础课程可以借助云计算技术搭建的协作平台，来激发学生的个性化学习兴趣。高校计算机基础教学中，常以教师讲解为主体，常常是教师讲解什么学生就接收什么，这样不利于学生主观能动性的发挥[33]。在素质教育背景下，高校教学中更加关注学生的主体性，为转变高校计算机基础教学模式，可以借助云计算技术来搭建便捷的师生协作平台，让学生在学习过程中根据自己的兴趣及实际水平，选择出适合自己的学习方式，以不断提高自己的计算机能力。利用云计算技术还可将零散学习资源整合在一起，整合过程中将一些劣质的教学资源摒弃，这样可让学生在自主与协作学习的时候充分利用各种学习资源来提高自身的基础能力与操作水平，通过学生主动探究知识，丰富学生的认知范围[33]。

(3) 学生的学习方法可以通过云计算技术转变。云计算技术的显著特征为可存储庞大的信息资源，同时存储的信息资源有很高的安全保障。高校在运用云计算技术为学院及教师提供各种教学研究所需的信息内容之外，还可以将云计算技术应用到辅助学生计算机知识学习及操作实践中，让学生借助云计算技术构建的云端来获取自己所需的各种资源信息[33]。

(4) 计算机基础课程教师可以借助云计算技术构建虚拟实验室来培养学生的创新能力。计算机基础教学不能仅仅要求学生掌握基本的理论知识和简单的计算机操作技巧，而是要在学生掌握一定的计算机基础知识后进行一定的创新实践，如此让学生更贴近当前素质教育下对创新型人才的培养需求。随着学校规模的不断扩大，学生人数的不断增多，现有实验室已经不能满足学生创新的需求，这样对学生计算机应用能力的拓展不利[33]。在实际的基础课程教学中，学校就可以应用云计算技术，为每一名有创新需求的学生构建属于学生自己的虚拟实验室。在虚拟实验室中，学生可以借助客户端向网络发送请求，输入个人信息，数据中心对学生的需求情况进行分析，在云空间发布相关实验资源，之后学生登录相关的窗口就可开始相应的实验操作，同时还可以享受到一些优质的应用服务[33]。

3.7 翻转课堂在计算机基础教学中的应用

翻转课堂译自“FlippedClassroom”或“InvertedClassroom”，也可译为“颠倒课堂”，是指重新调整课堂内外的时间，将学习的决定权从教师转移给学生。在这种教学模式下，课堂内的宝贵时间，学生能够更专注于主动的基于项目的学习，共同研究解决本地化或全球化的挑战以及其他现实世界面临的问题，从而获得更深层次的理解。教师不再占用课堂的时间来讲授信息，这些信息需要学生在课前完成自主学习，他们可以看视频讲座、听播客、阅读功能增强的电子书，还能在网络上与别的同学讨论，能在任何时候去查阅需要的材料。教师也能有更多的时间与每个人交流。在课后，学生自主规划学习内容、学习节奏、风格和呈现知识的方式，教师则采用讲授法和协作法来满足学生的需要和促成他们的个性化学习，其目标是为了让学生通过实践获得更真实的学习。翻转课堂模式是大教育运动的一部分，它与混合式学习、探究性学习、其他教学方法和工具在含义上有所重叠，都是为了让学习更加灵活、主动，让学生的参与度更强。互联网时代，学生通过互联网学习丰富的在线课程，不必非要到学校接受教师讲授。互联网尤其是移动互联网催生“翻转课堂式”教学模式。“翻转课堂式”是对基于印刷术的传统课堂教学结构与教学流程的彻底颠覆，由此将引发教师角色、课程模式、管理模式等一系列变革。

翻转课堂的图片，如图3-28所示。

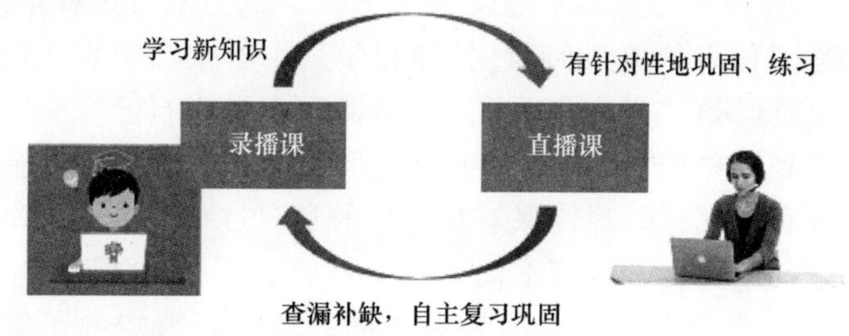

图3-28 翻转课堂

3.7.1 翻转课堂的发展

互联网的普及和计算机技术在教育领域的应用，使“翻转课堂式”教学模式变得可行和现实。学生可以通过互联网去使用优质的教育资源，不再单纯地依赖授课老师去教授知识，而课堂和老师的角色则发生了变化。老师更多的责任是去理解学生的问题和引导学生去运用知识。

（1）翻转课堂的历史。2000年，美国MaureenLage、Glenn Platt和Michael Treglia在论文“Inverting the Classroom：A Gateway to Creating an Inclusive Learning Environment”中介绍了他们在美国迈阿密大学教授“经济学入门”时采用“翻转教学”的模式，以及取得的成绩。但是他们并没有提出“翻转课堂式”或“翻转教学”的名词。

2000年，J. Wesley Baker在第11届大学教学国际会议上发表了论文“The classroom flip：using web course management tools to become the guide by the side”。

2007年，美国科罗拉多州Woodland Park High School的化学老师Jonathan Bergmann和Aaron Sams在课堂中采用“翻转课堂式”教学模式，并推动这个模式在美国中小学教育中的使用。随着互联网的发展和普及，翻转课堂的方法逐渐在美国流行起来并引起争论。

（2）翻转课堂的特点。在20世纪50年代开始，世界上有很多国家利用广播电视进行教育教学，这种利用视频来实施教学并没有对传统的教学模式带来多大的影响，但今日，同样利用视频进行教学的“翻转课堂”为何给现在教学产生如此大的影响呢？这是由“翻转课堂”的特点决定的。

1）教学视频短小精悍。“翻转课堂”中的大多数的视频都只有几分钟的时间，比较长的视频也只有十几分钟。每一个视频都针对一个特定的问题，有较强的针对性，查找起来也比较方便；视频的长度控制在学生注意力能比较集中的时间范围内，符合学生身心发展特征，通过网络发布的视频，具有暂停、回放等多种功能，可以自我控制，有利于学生的自主学习。

2）重新建构学习流程。通常情况下，学生的学习过程由两个阶段组成。第一阶段是“信息传递”，通过教师和学生、学生和学生之间的互动来实现的；第二个阶段是“吸收内化”，是在课后由学生自己来完成的。由于缺少教师的支持和同伴的帮助，“吸收内化”阶段常常会让学生感到挫败，丧失学习的动机和成就感。翻转课堂对学生的学习过程进行了重构。“信息传递”是学生在课前进行的，老师不仅提供了视频，还可以提供在线的辅导。“吸收内化”是在课堂上通过互动来完成的，教师能够提前了解学生的学习困难，在课堂上给予有效的辅导，同学之间的相互交流更有助于促进学生知识的吸收内化过程。

3）复习检测方便快捷。学生观看了教学视频之后，是否理解了学习的内容，视频后面紧跟着的4~5个小问题，可以帮助学生及时进行检测，并对自己的学习情况作出判断。如果发现几个问题回答的不好，学生可以回过头来再看一遍，仔细思考哪些方面出了问题。学生对问题的回答情况，能够及时地通过云平台进行汇总处理，帮助教师了解学生的学习状况。教学视频的另外一个优点就是便于学生一段时间学习之后的复习和巩固。评价技术的跟进，使得学生学习的相关环节能够得到实证性的资料，有利于教师真正了解学生。

3.7.2 翻转课堂模式下的大学计算机基础课程改革

翻转课堂在计算机基础教学中的应用，主要存在的问题是计算机基础教学涉及的内容比较多，不仅有计算机的基础知识、计算知识还有系统软件知识、办公自动化软件知识、计算机网络知识、多媒体技术知识、程序设计知识和数据库知识等。因此，计算机基础在做翻转课堂时，需要在课前准备，课堂内化和课后拓展等方面多加注意。

办公自动化软件模块主要包含了文字处理软件 Word，电子表格软件 Excel 和演示文稿软件 Powerpoint。课前我们会把课程的视频课及一些相关的学习资料放到网络上，供学生们进行学习，提醒学生每个部分的重点内容是什么，并把一些优秀的作品给学生鉴赏，对作品的制作过程进行引导。这些工作都属于课前准备的范畴。

课堂内化部分非常重要，根据课堂时间老师要对学生进行正确合理的引导，老师要做一个指挥家，什么时候学生展示作业，什么时候进行讨论，整节课都要根据老师的设计来进行。计算机基础课程进行翻转课堂教学前需要对教学的知识点进行模块设计，准备好相关的教学要求、视频资料供学生进行课前学习。

课后拓展指的是通过课堂的讨论后，学生们都会从其他学生的作品中获得相应的经验，之后进一步对自己的作品进行提高，这样会取得更好的学习效果。表3-6是以办公自动化软件模块中Word文字处理为例进行翻转课堂的设计。

表3-6 翻转课堂设计案例

项 目	内 容	备 注
课程名称	计算机基础	
章节名称	办公自动化软件（Word）	必考
学生分析	本班学生基础较薄弱，学习积极性不高，以往课前学习效果不好	
教学目标	1. 掌握Word文档的创建、录入、保存的方法； 2. 掌握特殊字符录入的方法； 3. 掌握字符格式化、段落格式化的方法； 4. 掌握表格的创建方法； 5. 掌握图文混排的方法	其中3、4是重点，5是难点
课前准备	1. 将办公自动化软件中的文字处理软件Word，电子表格软件Excel和演示文稿软件Powerpoint进行模块化处理； 2. 课前把课程的视频课及一些相关的学习资料放到网络上，供学生们进行学习，提醒学生每个部分的重点内容是什么，并把一些优秀的作品给学生鉴赏，对作品的制作过程进行引导； 3. 每一个学习模块都对学生进行了基本要求，文字处理软件Word部分，要求学生做一份电子手抄报	
课堂内化	1. 要求学生做基本文字的格式处理； 2. 要求学生在第一次作业的基础上进行美化，添加项目符号、艺术字、图片、表格等元素； 3. 在第二次的基础上进一步的美化，综合排版，制作电子手抄报； 4. 在课堂上先对电子手抄报进行展示，在展示的过程中，要求学生谈谈自己作品的优点和不足； 5. 老师要进行总结，以便课后进行整改完善	同学们看到了不同风格的排版，互相询问制造的过程，课堂气氛非常活跃，同学们讨论十分钟后教师总结
课后拓展	文字处理软件Word通过课堂的相互学习之后，会自觉的重新对自己的手抄报进行扩展和美化，会取得更好的效果	

翻转课堂的应用改变了计算机基础课程的传统教学模式。在翻转课堂中，真正体现了以学生为中心的教学。在教学的整个过程中，学生会主动参与到教学中，会主动提问，自觉动手去做。在讨论过程中，学生会自动关注不同层次的学生的，取长补短，提高了学生学习的积极性。翻转课堂教学给教师是一个新的挑战，它不仅要求教师要有渊博的知识，而且要有掌控课堂的能力。因此，要想上好一堂翻转课堂，教师需要不断提高自己的业务能力。

4 计算机基础教学的发展趋势

2018 年 6 月，全国高等院校计算机基础教育研究会数据科学专委会成立，同年 6 月 9 ~ 10 日在山东枣庄召开了 2018 年大数据产业发展与人才培养研讨会，此次会议由全国高等院校计算机基础教育研究会数据科学专业委员会和山东省高教学会计算机教学研究专业委员会联合主办，会议地点设在枣庄学院。北京理工大学李凤霞教授做了关于“在线教育建设下的计算机公共教学的思考”的学术报告，分享了 MOOC、SPOC 和虚拟实验技术在计算机基础教育教学改革中的作用。

4.1 “互联网 +”促进计算机基础教学的改革

中国互联网从 1994 诞生到现在已有 24 年，中国互联网的发展历经三次浪潮。三次互联网大浪潮，已经使整个中国的老百姓个人生活、商业形态发生了很大的改变，几乎彻底改变了我们每一个人的生活、消费、沟通和出行的方式。

4.1.1 中国互联网发展的三次大浪潮

（1）从四大门户到搜索。1994 ~ 2000 年被定义为中国互联网发展的第一次浪潮，标志是从四大门户到搜索，具体内容见表 4-1。

表 4-1 1994 ~ 2000 年中国互联网主要事件

时 间	事 件
1994 年	正式接入国际互联网
1997 年 6 月	丁磊创立网易公司
1998 年	张朝阳正式成立搜狐网
1998 年	邮箱普及 & 第一单网上支付完成
1998 年 11 月	腾讯成立，由马化腾、张志东等五位创始人创立
1998 年 12 月	由王志东先生创立新浪
1999 年	聊天软件 QQ 出现，当时叫 OICQ，后改名腾讯 QQ 风靡全国
1999 年 9 月 9 日	马云带领下的 18 位创始人在杭州正式成立了阿里巴巴集团
2000 年 1 月 1 日	李彦宏在中关村创建了百度公司

（2）从搜索到社交化网络。2001～2008 年被定义为互联网发展的第二次高潮，标志是从搜索到社交化网络。互联网主要事件见表 4-2。

表 4-2 2001～2008 年互联网主要事件

时 间	事 件
2001 年	中国互联网协会成立
2002 年	博客网成立
2002 年	个人门户兴起，互联网门户进入 2.0 时代
2003 年	淘宝网上线，后来成为全球最大 C2C 电商平台；下半年，阿里巴巴推出支付宝
2004 年	网游市场风起云涌
2005 年	博客元年
2006 年	熊猫烧香病毒泛滥，名为“熊猫烧香”的计算机蠕虫病毒感染数百万台计算机
2007 年	电商服务业确定为国家重要新兴产业
2008 年	中国网民首次超过美国

（3）PC 互联网到移动互联网。2009～2014 年被定义为互联网发展的第三次浪潮，主要标志是 PC 互联网到移动互联网，2009～2017 年互联网主要事件见表 4-3。

表 4-3 2009～2017 年互联网主要事件

时 间	事 件
2009 年	SNS 社交网站活跃，人人网（校内网）、开心网、QQ 等 SNS 平台为代表
2010 年	团购网站兴起，数量超过 1700 家，团购成为城市一族最潮的消费和生活方式
2011 年	微博迅猛发展对社会生活的渗透日益深入，政务微博、企业微博等出现井喷式发展
2012 年	手机网民规模首次超过台式 & 微信朋友圈上线
2012 年 3 月	今日头条上线
2012 年	双 11 阿里天猫与淘宝的总销售额达到 191 亿元被业内称为双十一的爆发点
2013 年	余额宝上线
2013 年	淘宝双十一销售额：350 亿元
2014 年	打车软件烧钱发红包，滴滴、快车巨资红包抢用户，“互联网＋交通”出行
2014 年	阿里上市之后的第一个双十一：571 亿元
2015 年	首次提出“互联网＋”
2015 年	阿里巴巴集团宣布当日双十一销售额达到：912 亿元
2016 年	互联网直播、网红等热词风靡全国，短视频造就第一网红 papi 酱
2017 年	自媒体百家争鸣，互联网 BAT 第一梯队，第二梯队等纷纷砸金压自媒体平台
2016 年	天猫双十一狂欢节成交额 1207 亿元人民币

续表 4-3

时　间	事　　件
2016 年 12 月 3 日	知识付费崛起
2016 年 12 月 3 日	喜马拉雅 FM 中国第一个知识内容狂欢节，称为"123 知识狂欢节"，消费超过 5000 万
2017 年	微信推出看一看，搜一搜

2017～2018 年中国网民各类互联网应用的使用率如图 4-1 所示。

	2017.12		2018.06		
应用	用户规模（万）	网民使用率	用户规模（万）	网民使用率	半年增长率
即时通信	72023	93.3%	75583	94.3%	4.9%
搜索引擎	63956	82.8%	65688	81.9%	2.7%
网络新闻	64689	83.8%	66285	82.7%	2.5%
网络视频	57892	75.0%	60906	76.0%	5.2%
网络音乐	54809	71.0%	55482	69.2%	1.2%
网上支付	53110	68.8%	56893	71.0%	7.1%
网络购物	53332	69.1%	56892	71.0%	6.7%
网络游戏	44161	57.2%	48552	60.6%	9.9%
网上银行	39911	51.7%	41715	52.0%	4.5%
网络文学	37774	48.9%	40595	50.6%	7.5%
旅行预订	37578	48.7%	39285	49.0%	4.5%
电子邮件	28422	36.8%	30556	38.1%	7.5%
互联网理财	12881	16.7%	16855	21.0%	30.9%
微博	31601	40.9%	33741	42.1%	6.8%
地图查询	49247	63.8%	52419	65.4%	6.4%
网上订外卖	34338	44.5%	36387	45.4%	6.0%
在线教育	15518	20.1%	17186	21.4%	10.7%
网约出租车	28651	37.1%	34621	43.2%	20.8%
网约专车或快车	23623	30.6%	29876	37.3%	26.5%
网络直播	42209	54.7%	42503	53.0%	0.7%
共享单车	22078	28.6%	24511	30.6%	11.0%

图 4-1　2017～2018 年中国网民各类互联网应用的使用率

手机互联网的广泛使用如图 4-2 所示。

图 4-2 手机互联网的广泛使用

随着电脑的普及，到了 2018 年的上半年，中国网民人数达 8.02 亿，互联网普及率达 57.7%，网民连接互联网的场所由网吧过渡到家庭，网民使用电脑接入互联网的场所如图 4-3 所示。

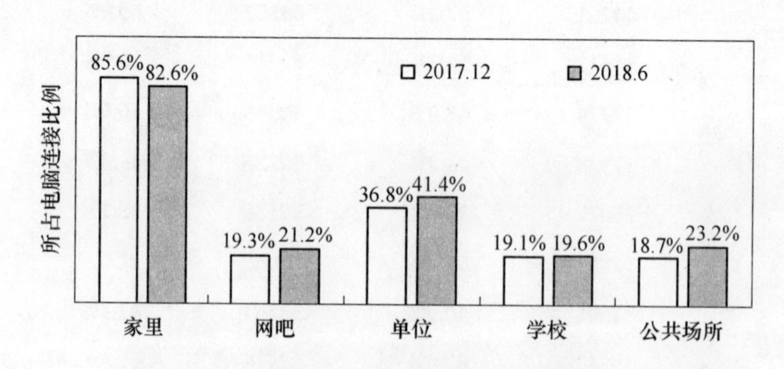

图 4-3 网民使用电脑接入互联网的场所

从图 4-3 中可以看到，电脑在我国已经得到普及。

随着网络技术的发展，我国 IPV6 的使用数量飞速递增，如图 4-4 所示。

2018 年上半年我国互联网网民中，手机网民占 98.3%，如图 4-5 所示。

随着移动网络的发展，移动应用程序的数量大量增加，如图 4-6 所示。

4.1.2 什么是“互联网+”

“互联网+”是创新 2.0 下的互联网发展的新业态，是知识社会创新 2.0 推

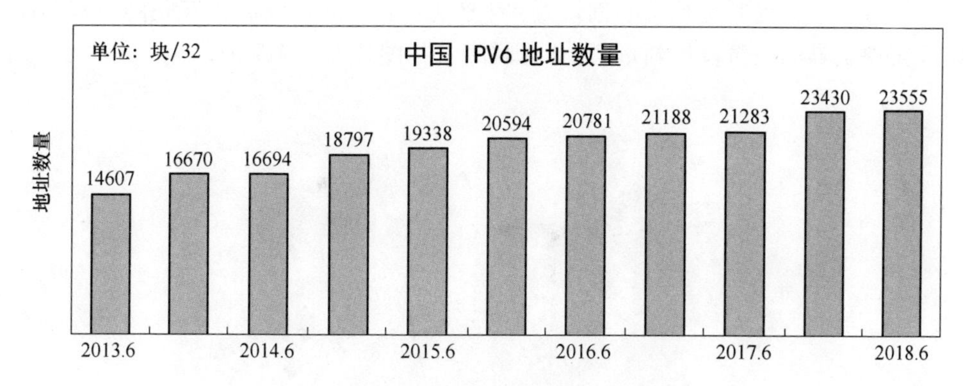

图 4-4 中国 IPV6 地址数量飞速递增

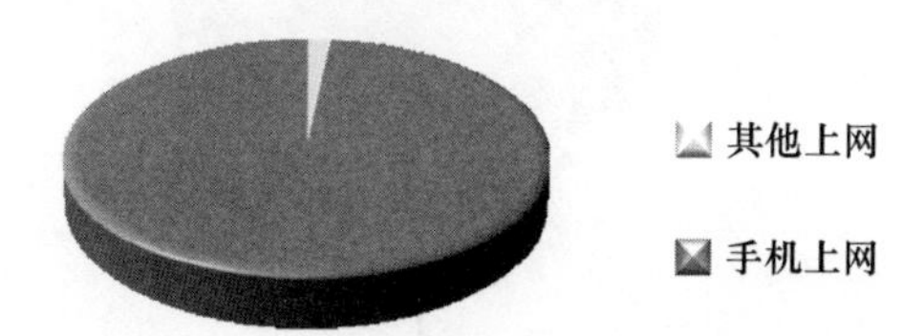

图 4-5 手机网民与其他上网方式的比较图

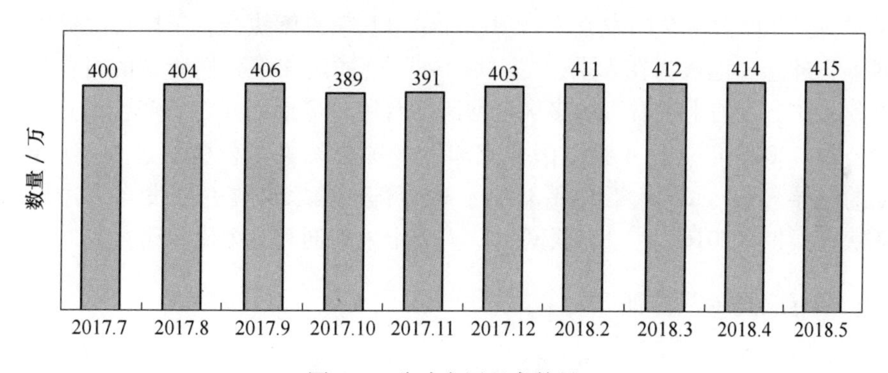

图 4-6 移动应用程序数量

动下的互联网形态演进及其催生的经济社会发展新形态。

“互联网+”是互联网思维的进一步实践成果，推动经济形态不断地发生演变，从而带动社会经济实体的生命力，为改革、创新、发展提供广阔的网络平台。通俗地说，“互联网+”就是“互联网+各个传统行业”，但这并不是简单的两者相加，而是利用信息通信技术以及互联网平台，让互联网与传统行业进行深度融合，创造新的发展生态。它代表一种新的社会形态，即充分发挥互联网在社会资源配置中的优化和集成作用，将互联网的创新成果深度融合于经济、社会各个领域之中，提升全社会的创新力和生产力，形成更广泛的以互联网为基础设施和实现工具的经济发展新形态。“互联网 +”图片如图 4-7 所示。

图 4-7 互联网 +

国内“互联网 +”理念的提出，最早可以追溯到 2012 年 11 月于扬在易观第五届移动互联网博览会的发言。易观国际董事长兼首席执行官于扬首次提出“互联网 +”理念。他认为在未来，“互联网 +”公式应该是我们所在的行业的产品和服务，在与我们未来看到的多屏全网跨平台用户场景结合之后产生的这样一种化学公式。2015 年 7 月 4 日，国务院印发《国务院关于积极推进“互联网 +”行动的指导意见》。2016 年 5 月 31 日，教育部、国家语委在京发布《中国语言生活状况报告（2016）》。“互联网 +”入选十大新词和十个流行语。

4.1.3 “互联网 +”特征

（1）跨界融合。“+”就是跨界，就是变革，就是开放，就是重塑融合。敢于跨界了，创新的基础就更坚实；融合协同了，群体智能才会实现，从研发到产业化的路径才会更垂直。融合本身也指代身份的融合，客户消费转化为投资，伙伴参与创新等，不一而足。

（2）创新驱动。中国粗放的资源驱动型增长方式早就难以为继，必须转变到创新驱动发展这条正确的道路上来。这正是互联网的特质，用所谓的互联网思维来求变、自我革命，也更能发挥创新的力量。

（3）重塑结构。信息革命、全球化、互联网业已打破了原有的社会结构、经济结构、地缘结构、文化结构。权力、议事规则、话语权不断在发生变化。互联网+社会治理、虚拟社会治理会是很大的不同。

（4）尊重人性。人性的光辉是推动科技进步、经济增长、社会进步、文化繁荣的最根本的力量，互联网的力量之强大最根本地也来源于对人性的最大限度的尊重、对人体验的敬畏、对人的创造性发挥的重视。例如UGC，例如卷入式营销，例如分享经济。

（5）开放生态。关于“互联网+”，生态是非常重要的特征，而生态的本身就是开放的。我们推进“互联网+”，其中一个重要的方向就是要把过去制约创新的环节化解掉，把孤岛式创新连接起来，让研发由人性决定市场驱动，让创业努力者有机会实现价值。

（6）连接一切。连接是有层次的，可连接性是有差异的，连接的价值是相差很大的，但是连接一切是“互联网+”的目标。

4.1.4 “互联网+”与大学计算机基础教学的改革

大学计算机基础教学模式在网络不断地发展下，也应进行相应的改革，借助互联网的优势，可以将各种多媒体技术进行有机结合为计算机基础教学提供丰富的教学资源。因此，当前在高校中对网络的资源优化配置，实现网络教学模式下的计算机基础教学，已成为时代发展的必然趋势。

大学计算机基础教学采用网络教学模式的优点有三个。

（1）计算机基础教学采用网络教学模式，对学生学习观的转变有促进作用。计算机基础教学采用网络教学模式，学生的学习观可以实现从客观主义到构建主义的转变，这样就可以使学生成为一个具有创造力的个体。客观主义强调知识具有片面性、客观性，学习就是一个获得客观信息的过程。而建构主义强调知识具有主观性、互联性与暂定性，学习的过程是学习者主动构建知识的过程。计算机基础教学通过网络教学模式的使用，使传统课堂中的教与学的关系发生了深刻的改变，在网络教学模式下，学生可以通过网络平台交作业，还可在网络平台上讨论一些相关的问题，这样使得学习的过程更加生动有趣。

（2）计算机基础教学采用网络教学模式，对课堂双主教学模式的构建有利。在网络环境教学模式中，改变了传统教学课堂中教师与学生的角色，不再是教师处于完全的主导地位，一贯的由教师讲，学生被动听的这种状态。在网络教学模式中，学生在课堂中的主体地位被确立，教师成为一个帮助学生建立学习框架的引导者和协助者。这种双主教学模式的构建，对于学生的认知能力和创新能力的培养和提高是有利的。通过网络模式中的这种软硬件相结合的教学环境，学生有了的探索空间。在网络教学模式下，学生可以借助互联网的优势进行自主发现、独立思考问题。

（3）网络教学模式有利于促进教师不断提高自身的教学水平。计算机基础课程是一门特殊的课程，随着计算机相关技术的不断更新，新的思维、新的技术的不断出现，计算机基础的授课内容也在不断更新中。计算机基础课程在网络教学模式下，不仅能实现学生学习能力的提高，也能促进教师通过网络不断更新自己的相关知识，提高自己的业务水平，来适应当前不断发展的计算机基础教学。

4.1.5　“互联网＋”时代下大学计算机基础教学中微课的应用研究

在“互联网＋”教育环境下，大学计算机基础课程必须抛弃传统观念，构建创新理念，充分运用计算机通信技术与网络技术，建立新的教学环境，满足不同层次的学生要求，从教学内容、教学方式、教学行为、教学理念等多个方面进行改革与创新，更好地推动大学计算机基础课程的教学与实践的推广。

“互联网＋”指的是在传统行业中巧妙运用计算机技术，促进行业的发展。“互联网＋”背景下，时间和空间的限制影响大大降低，学生能够随时随地的获取信息。在此背景下，计算机基础课程中开始广泛运用微课，其能够革新传统教学模式，课堂教学生动性、趣味性得到增强，学生学习兴趣得到激发，显著提高了教学效率和教学质量。

4.1.5.1　微课教学在计算机基础课程中的优势

在“互联网＋”时代下，微课运用到计算机基础教学的优势主要有四点。第一是由微课的特点决定的，由于微课具有时间较短、内容较少、生动性更强的特点，因此可以将同学们的注意力有效吸引过来。这样教师就可以根据教学内容，利用微课来展现自己课程中的教学难点和重点，通过微课课件传递给学生。由于网络的特点，学生可以结合自己时间来安排学习时间，这样就对其自主学习能力进行培养。第二，由于计算机基础课程的知识点较多，涉及的范围又比较广，因此教师根据分散的知识点制作成微课视频，这样不仅降低了学生学习计算机基础课程的难度，还提高了学生的学习兴趣。第三，由于微课只是5～10分钟的视频，内容较少，因此占用的存储空间也很小，视频的存储对存储器容量要求不高，学生可以随时随地进行观看学习，不受时间、空间的限制。第四，教师有权依据学生的学习情况及教学进度，选择性播放自己制作好的微课视频，同学有权依据自己的学习情况，自主选择视频进行学习。微课的类别如图4-8所示。

4.1.5.2　“互联网＋”时代计算机基础微课教学的应用

（1）微课制作。微课比较短小，一般是章节中的重点知识和难点知识，教师要结合实际情况，对教学内容有机优化，控制微课时间在5分钟左右，以便促使计算机基础知识难度得到降低。在制作之前，需要对制作工具、制作软件等进

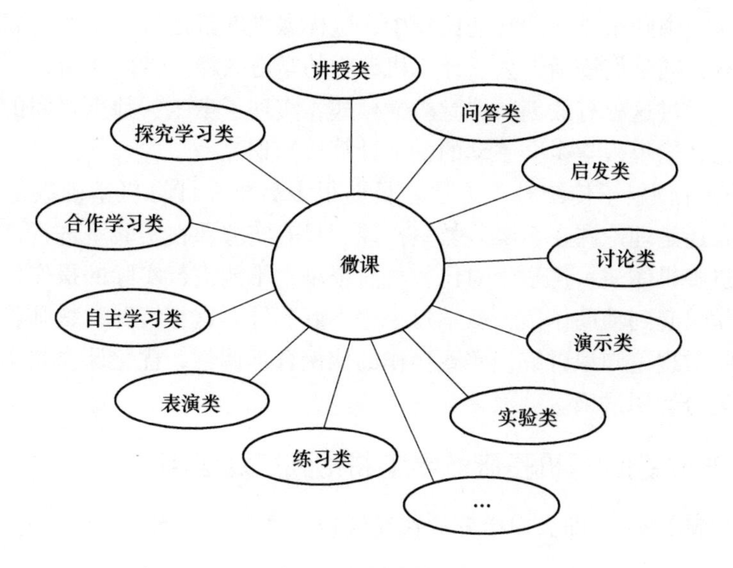

图 4-8 微课的类别

行明确和准备，如计算机、耳麦等都是必备的。首先制作幻灯片，然后录制视频，录制过程中，需要清楚连贯的讲解，且采取相应的措施，增强视频的生动性。微课的制作流程如图 4-9 所示。以“Word 图文混排”为例，图文混排是计算机基础课程中的重点，而本节的重点和难点是图片和文字的环绕方式，因此就可以环绕方式这一个知识点制作视频。选择案例时为了增强视频的生动性，可以用班级的板报设计为案例，进行分析和讲解，这样既可以促使班级存在的实际问题得到解决，又可以将同学们的学习兴趣和积极性调动起来，对图文混排的知识深入掌握。

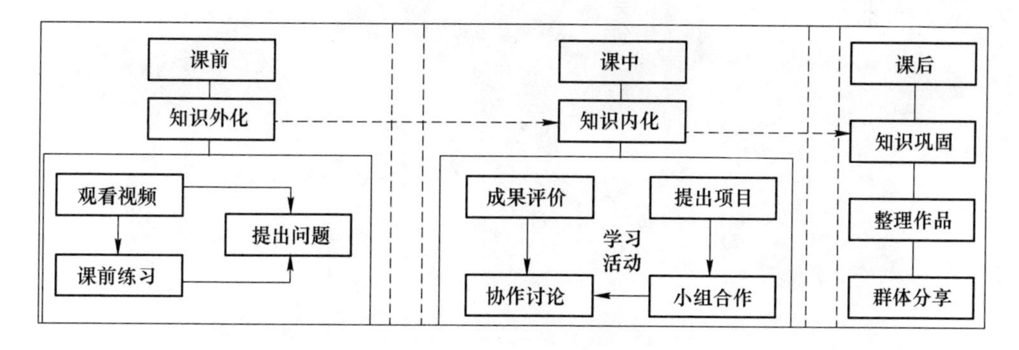

图 4-9 微课的制作流程

（2）微课的运用可以提升课堂教学效率。在过去的传统的教学当中，教师完全处于主导地位，所有的教学进行都是教师开展的，学生的地位就是被动的接收知识，课堂中师生之间的互动比较少，这样课堂气氛是较沉闷的，课堂教学质量无法提升，同学们逐渐失去了计算机课程的学习兴趣。将微课引入计算机基础课程中后，通过这种有效创新课堂教学模式，实现了生生、师生之间的互动，课堂氛围轻松、愉悦，学生会主动的学习计算机知识。

（3）微课创新了传统教学方法。目前很多高校在计算机基础教学中采用的教学方式，还是理论课在多媒体教室授课，只有实验课在实验室进行，理论课上课教室通过多媒体演示，学生对比教材看屏幕，不能进行实际的操作，机房实践对整个教学只起到辅助作用，教学效果很不好。针对这种情况，教师就需要结合课程要求，对理论知识讲解、实践操作的比例合理调整，优化课堂教学方法，将微课教学充分运用过来。

4.2 MOOC在计算机基础教学中将得到广泛应用

慕课（MOOC），即大规模开放在线课程，是“互联网+教育”的产物。

4.2.1 MOOC的概念

所谓“慕课”（MOOC），顾名思义，“M”代表Massive（大规模），与传统课程只有几十个或几百个学生不同，一门MOOCs课程动辄上万人，最多达16万人；第二个字母“O”代表Open（开放），以兴趣导向，凡是想学习的，都可以进来学，不分国籍，只需一个邮箱，就可注册参与；第三个字母“O”代表Online（在线），学习在网上完成，无需旅行，不受时空限制；第四个字母“C”代表Course，就是课程的意思。MOOC的含义如图4-10所示。

图4-10 MOOC的含义

MOOC是以连通主义理论和网络化学习的开放教育学为基础的。这些课程跟传统的大学课程一样循序渐进地让学生从初学者成长为高级人才。课程的范围不仅覆盖了广泛的科技学科，比如数学、统计、计算机科学、自然科学和工程学，也包括了社会科学和人文学科。

4.2.2 MOOC的发展史

20世纪60年代MOOC有短暂的历史，但是却有一个不短的孕育发展历程。1962年，美国发明家和知识创新者DouglasEngelbart提出来一项研究计划，题目叫《增进人类智慧：斯坦福研究院的一个概念框架》，在这个研究计划中，DouglasEngelbart强调了将计算机作为一种增进智慧的协作工具来加以应用的可能性。也正是在这个研究计划中，Engelbart提倡个人计算机的广泛传播，并解释了如何将个人计算机与互联的计算机网络结合起来，从而形成一种大规模的、世界性的信息分享的效应。

（1）术语提出。MOOC这个术语是2008年由加拿大爱德华王子岛大学网络传播与创新主任和国家人文教育技术应用研究院高级研究员联合提出来的。在由阿萨巴斯卡大学技术增强知识研究所副主任与国家研究委员会高级研究员设计和领导的一门在线课程中，为了响应号召，DaveCormier与BryanAlexander提出了MOOC这个概念。

（2）课程发展。从2008年开始，一大批教育工作者，包括来自玛丽华盛顿大学的JimGroom教授以及纽约城市大学约克学院的MichaelBransonSmith教授都采用了这种课程结构，并且成功的在全球各国大学主办了他们自己的大规模网络开放课程。

最重要的突破发生于2011年秋，那个时候，来自世界各地的160000人注册了斯坦福大学SebastianThrun与PeterNorvig联合开出的一门《人工智能导论》的免费课程。许多重要的创新项目，包括Udacity、Coursera以及edX都纷纷上马，有超过十几个世界著名大学参与其中。

（3）MOOC在中国的发展。MOOC课程在中国同样受到了很大关注。根据Coursera的数据显示，2013年Coursera上注册的中国用户共有13万人，位居全球第九；而在2014年达到了65万人，增长幅度远超过其他国家。Coursera的联合创始人和董事长吴恩达（AndrewNg）在参与果壳网MOOC学院2014年度的在线教育主题论坛时的发言中谈到，现在每8个新增的学习者中，就有一个人来自中国。果壳网CEO、MOOC学院创始人姬十三也重点指出，和一年前相比，越来越多的中学生开始利用MOOC提前学习大学课程。以MOOC为代表的新型在线教育模式，为那些有超强学习欲望的90后、95后提供了前所未有的机会和帮助。Coursera现在也逐步开始和国内的一些企业合作，让更多中国大学的课程出现在Coursera平台上。

中国的 MOOC 学习者主要分布在一线城市和教育发达城市，学生的比例较大。目前，我国 MOOC 学习人数均处于世界领先地位，我国已成为世界 MOOC 大国。

4.2.3 MOOC 的主要特点

（1）大规模的。MOOC 不是个人发布的一两门课程，大规模网络开放课程（MOOC）是指那些由参与者发布的课程，只有这些课程是大型的或者叫大规模的，它才是典型的 MOOC。

（2）开放课程。MOOC 尊崇创用共享协议，只有当课程是开放的，它才可以称之为 MOOC。

（3）网络课程。MOOC 不是面对面的课程，这些课程材料散布于互联网上。人们上课地点不受局限。无论你身在何处，都可以花最少的钱享受美国大学的一流课程，只需要一台电脑和网络联接即可。

4.2.4 MOOC 在计算机基础教学中的发展趋势

虽然 MOOC 的推出只有短短的几年时间，但 MOOC 已经在教育界引起了一场革命和变革。下面对 MOOC 今后在计算机基础教学中的发展趋势进行分析。

（1）MOOC 将构建新的网络课程文化。随着 MOOC 在教育界的影响越来越大，通过 MOOC 进行学习的人越来越多，这种新型的学习方式会在网络中产生大量的数据，这些数据可以用来进行学术评估、未来预测、寻找规则。由此可见，MOOC 在未来很有可能成为一种全球范围的网络课程的文化产业。

（2）MOOC 形成新型的教与学模式。在教学领域引入慕课，其发展形成了一种新的学习模式。在该模式下，学生从被动的接受者转变成学习的主体。学习的场地不像以往仅在课内，重要的知识点的学习可以移到课外。课堂上主要是向学生传授学习的方式，大量的知识获取可以从课外学习中获得。

（3）逐步形成更大规模互动和参与的平台。形成更大规模互动和参与的平台是 MOOC 的最主要的特点，在 MOOC 平台中的注册人数是没有限制的，而且 MOOC 平台中学习的课程都是在业界最先的、具有权威性的课程，这些课程会对学习者产生较强的吸引力。MOOC 之所以形成了更大规模互动和参与的平台是因为 MOOC 制作到完成，需要一个庞大的团队，如图 4-11 所示。

MOOC 不是将传统的课堂搬到线上，而是由优秀教师和专业团队共同为在线学习重新设计课堂。MOOC 的制作流程如图 4-12 所示。

MOOC 将新的技术、优秀的教学资源、优秀的教师、优秀的课程结合在一起，通过网络来创造教育界的新的神话。虽然 MOOC 在我国刚刚起步，但是在今后的发展中，MOOC 平台会不断优化，和国际先进水平接轨，使计算机基础教学向更好的方面发展。

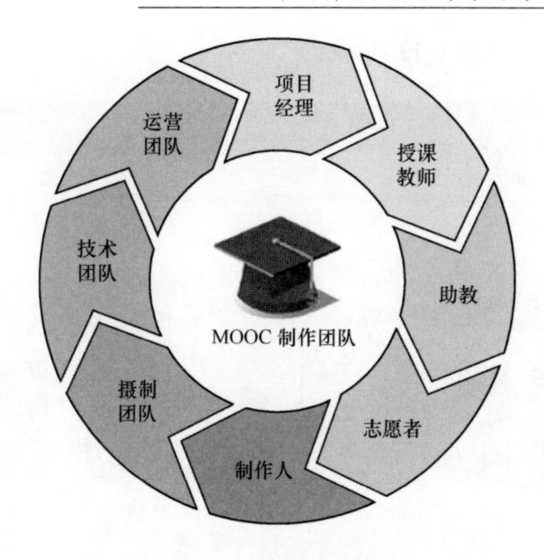

图 4-11 MOOC 的团队

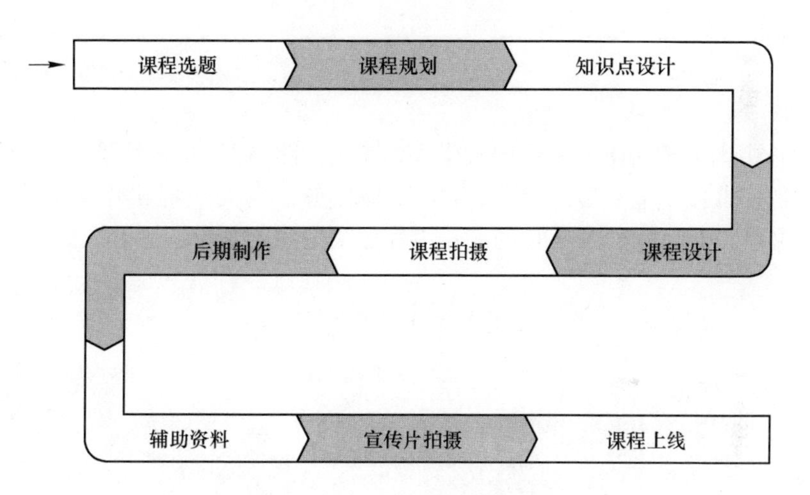

图 4-12 MOOC 的制作流程

4.2.5 常用的 MOOC 平台

平台是大规模开放课程（MOOC）发展的核心要素，平台是否对学习者友好，是否对学习者有吸引力，关系着 MOOC 模式的长远发展。下面对“学堂在线”“中国大学 MOOC”“好大学在线”“智慧树”和“超星慕课”五个国内较知名 MOOC 平台为例，进行简单介绍。

（1）学堂在线。学堂在线是清华大学发起的精品中文 MOOC 平台，为广大学习者提供来自清华、北大、斯坦福、MIT 等知名高校创业、经管、语言、计算机等各类 1000 余门免费课程及优质的在线学习。

学堂在线的首页如图 4-13 所示。

图 4-13 学堂在线的首页

(2) 中国大学 MOOC。中国大学 MOOC 是由网易与高教社携手推出的在线教育平台，承接教育部国家精品开放课程任务，向大众提供中国知名高校的 MOOC 课程。中国大学 MOOC 的成长历程如图 4-14 所示。

图 4-14 中国大学 MOOC 的成长历程

(3) 好大学在线。“好大学在线”是上海交通大学拥有的中国顶尖 MOOC 平台。依托该平台，上海交通大学与百度及金智教育实施。好大学在线的首页如图 4-15 所示。

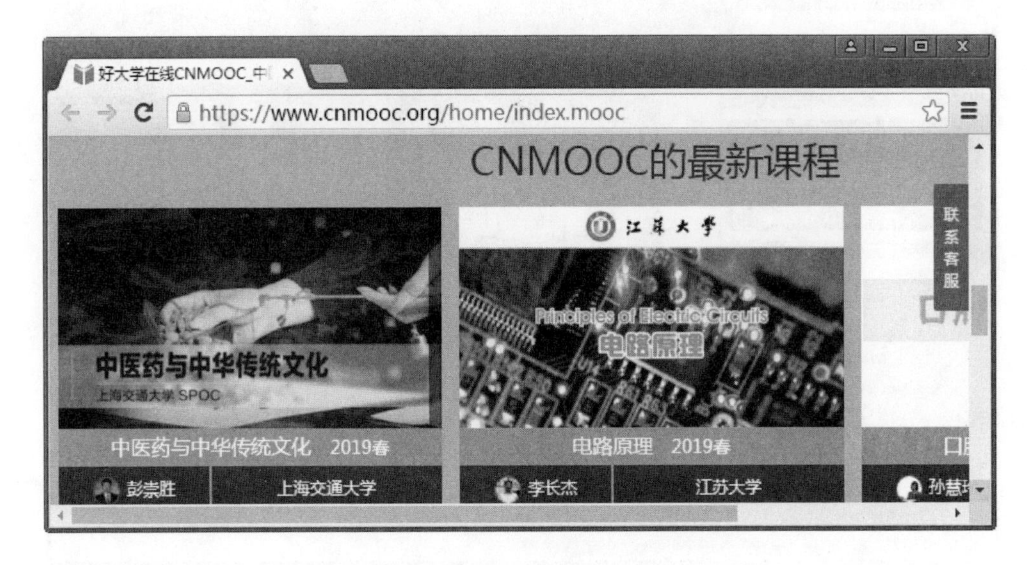

图 4-15　好大学在线的首页

（4）智慧树。智慧树是全球大型的学分课程运营服务平台，在线教育平台拥有海量大学高品质课程，网络教育在线完美支持跨校授课，学分认证，名师名课名校，在线互动教育学堂。智慧树的首页如图 4-16 所示。

图 4-16　智慧树的首页

（5）超星慕课。超星慕课的首页如图 4-17 所示。

图 4-17 超星慕课的首页

<table>
<tr><td colspan="5">牡丹江师范学院教案</td></tr>
<tr><td colspan="5">教研室：大学计算机基础教研室···教师姓名：赵晓霞···授课时间：</td></tr>
<tr><td>课程名称</td><td>大学计算机基础</td><td>授课专业和班级</td><td colspan="2"></td></tr>
<tr><td>授课内容</td><td>选择结构</td><td>授课学时</td><td colspan="2">1学时</td></tr>
<tr><td>教学目的</td><td colspan="4">使学生选择结构中 if 和 switch 的使用</td></tr>
<tr><td>教学重点</td><td colspan="4">if、switch 的语法结构</td></tr>
<tr><td>教学难点</td><td colspan="4">if、switch 编程</td></tr>
<tr><td>教具和媒体使用</td><td colspan="4">计算机、投影、MOOC平台</td></tr>
<tr><td>教学方法</td><td colspan="4">讲授法、演示法、案例法</td></tr>
<tr><td rowspan="2">教
学
过
程</td><td colspan="3">包括复习旧课、引入新课、重点难点讲授、作业和习题布置、问题讨论、归纳总结及课后辅导等内容</td><td>时间分配(45分钟)</td></tr>
<tr><td colspan="3">复习：通过 PPT 中的习题对上堂数据类型及表达式进行复习
新课：
1. 给学生预留 6 分钟时间访问学堂在线
http://www.xuetangx.com/courses/course-v1:KMUSTX+3102003+sp/about
观看平台中的第三章中的第一节（选择与条件结构）
2. 利用 PPT 讲解 if 和 switch 语句的结构
3. 通过实例进行验证
4. 学生就 if 和 switch 区别进行讨论
5. 给学生预留 8 分钟时间访问学堂在线
http://www.xuetangx.com/courses/course-v1:KMUSTX+3102003+sp/about
观看平台中的第三章的第六节（选择结构常见错误分析）
作业：学堂在线
http://www.xuetangx.com/courses/course-v1:KMUSTX+3102003+sp/about
第三章第十节（第三章测试）</td><td>5

8

8
8
8
8</td></tr>
</table>

图 4-18 教案的部分截图

“学堂在线”“中国大学 MOOC” 和 “好大学在线” 三家 MOOC 平台在课程指导资源上比较全面。学习者能通过先导视频、课程简介、课程大纲和知识储备等内容判断自己对此门课程是否有兴趣、是否适合自己对相关知识的需求。高校计算机基础教师可以将 MOOC 平台作为授课过程中的辅助工具，如有选择性的选择平台上部分免费课程的部分章节作为学生预习和复习的内容，这样就可以利用有限的课堂时间，给学生传授更多的知识，如牡丹江师范学院大学计算机基础课程中的一份教案中的部分截图，如图 4-18 所示，其中体现出 MOOC 的辅助应用功能。

4.3 大数据背景下计算机基础教学将面临新的挑战

随着计算机互联网、移动互联网、物联网、平板电脑、手机的大众化和微博、论坛、微信等网络交流方式的日益红火，数据资料的增长正发生着巨大的变化。

4.3.1 什么是大数据时代

大数据其实就是海量资料、巨量资料，这些巨量资料来源于世界各地随时产生的数据，在大数据时代，任何微小的数据都可能产生不可思议的价值。

大数据兴起的第一个原因是数据量越来越大。从监测的数据来看，数据量越来越多，每年都会翻倍，数据一直在飞速增长；针对即时数据的处理也变得越来越快；通过各种终端，比如手机、PC、服务器等产生的数据越来越多。大数据兴起的第二个原因也是最重要的原因，就是科技的进步导致了存储成本的下降，这使得设备的造价出现大幅下降。新技术和新算法的出现是大数据火起来的第三个原因。最后一个原因也是最本质的原因，就是商业利益的驱动极大地促进了大数据的发展。大数据的图片如图 4-19 所示。

大数据有 4 个特点，分别为：Volume（大量）、Variety（多样）、Velocity（高速）、Value（价值），一般我们称之为 4V。

（1）大量。大数据的特征首先就体现为“大”，从先 Map3 时代，一个小小的 MB 级别的 Map3 就可以满足很多人的需求，然而随着时间的推移，存储单位从过去的 GB 到 TB，乃至现在的 PB、EB 级别。随着信息技术的高速发展，数据开始爆发性增长。社交网络（微博、推特、脸书）、移动网络、各种智能工具、服务工具等，都成为数据的来源。淘宝网近 4 亿的会员每天产生的商品交易数据约 20TB；脸书约 10 亿的用户每天产生的日志数据超过 300TB。迫切需要智能的算法、强大的数据处理平台和新的数据处理技术，来统计、分析、预测和实时处理如此大规模的数据。

（2）多样。广泛的数据来源，决定了大数据形式的多样性。任何形式的数

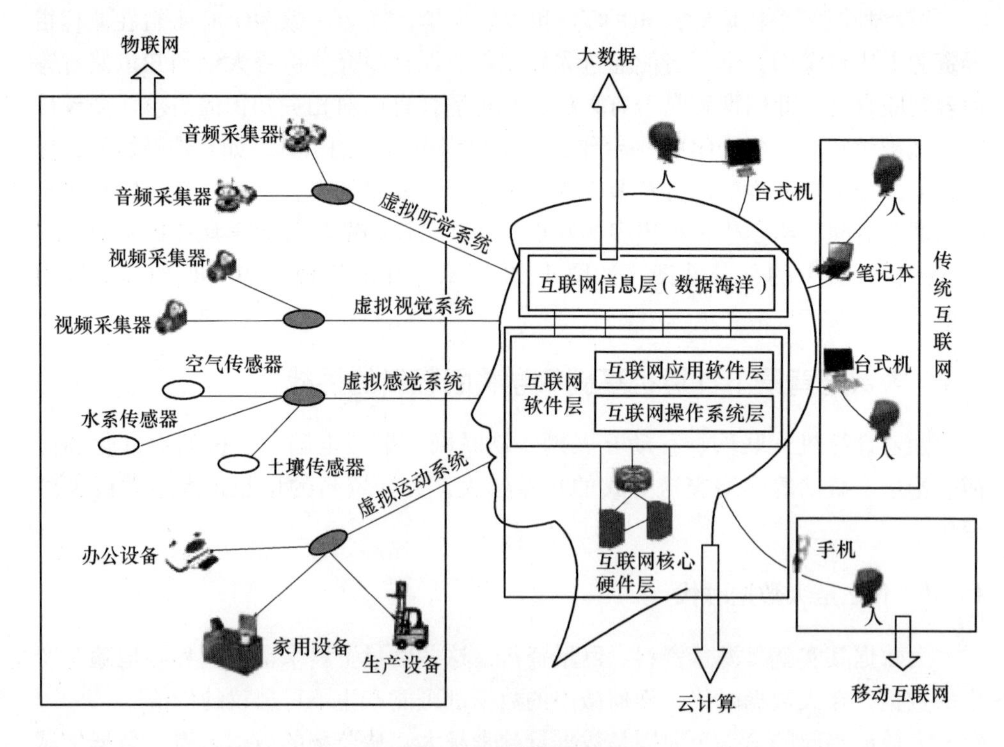

图 4-19　大数据的图片

（图片来源于 http：//www. sohu. com/a/206460566_ 338095）

据都可以产生作用，目前应用最广泛的就是推荐系统，如淘宝、网易云音乐、今日头条等，这些平台都会通过对用户的日志数据进行分析，从而进一步推荐用户喜欢的东西。日志数据是结构化明显的数据，还有一些数据结构化不明显，例如图片、音频、视频等，这些数据因果关系弱，就需要人工对其进行标注。

（3）高速。大数据的产生非常迅速，主要通过互联网传输。生活中每个人都离不开互联网，也就是说个人每天都在向大数据提供大量的资料，并且这些数据是需要及时处理的，因为花费大量资本去存储作用较小的历史数据是非常不划算的，对于一个平台而言，也许保存的数据只有过去几天或者一个月之内，再远的数据就要及时清理，不然代价太大。基于这种情况，大数据对处理速度有非常严格的要求，服务器中大量的资源都用于处理和计算数据，很多平台都需要做到实时分析。数据无时无刻不在产生，谁的速度更快，谁就有优势。

（4）价值。这也是大数据的核心特征。现实世界所产生的数据中，有价值的数据所占比例很小。相比于传统的小数据，大数据最大的价值在于通过从大量不相关的各种类型的数据中，挖掘出对未来趋势与模式预测分析有价值的数据，并通过机器学习方法、人工智能方法或数据挖掘方法深度分析，发现新规律和新知识，并运用于农业、金融、医疗等各个领域，从而最终达到改善社会治理、提高生产效率、推进科学研究的效果。在大数据时代，每个人都会享受到大数据所带来的便利。买东西可以足不出户，有急事出门可以不用再随缘等出租车，想了解天下事只需要动动手指。虽然大数据会产生个人隐私问题，但总的来说，大数据还是在不断地改善我们的生活，让生活更加方便。大数据在税务方面的应用如图4-20所示。

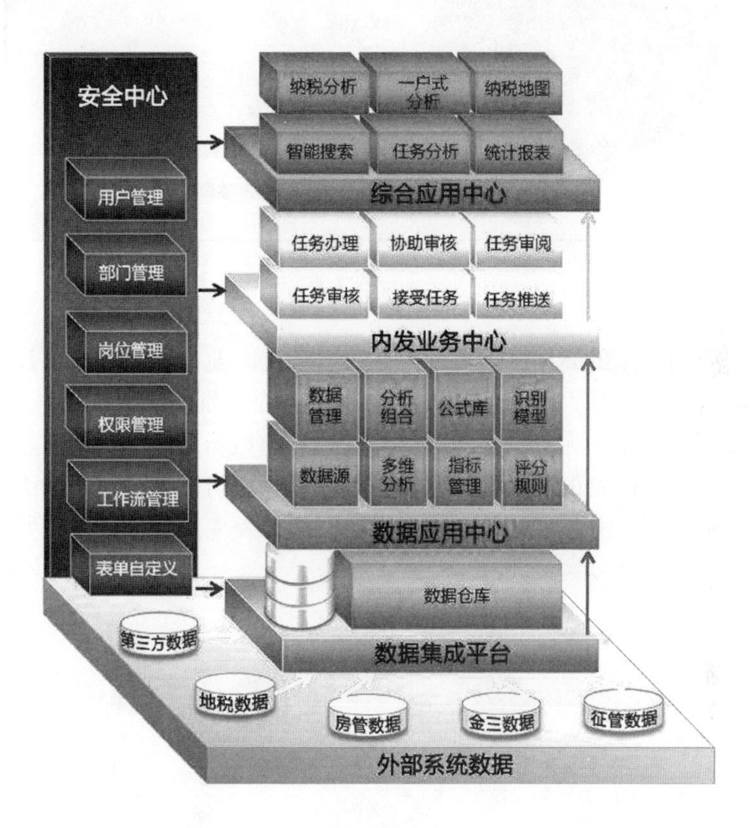

图4-20 大数据在税务方面的应用

4.3.2 大数据专业的兴起

随着大数据时代的到来，社会急缺大数据相关人才，各类大数据培训机构也如雨后春笋般的出现，通过几个月的培训，大量大数据相关人员就可以步入各公司上岗，且薪水很高。如2017年北京地区的大数据从业人员的平均月薪可达23290元，如图4-21所示。

目前，部分高校创建了大数据专业，旨在培养具有大数据思维、运用大数据

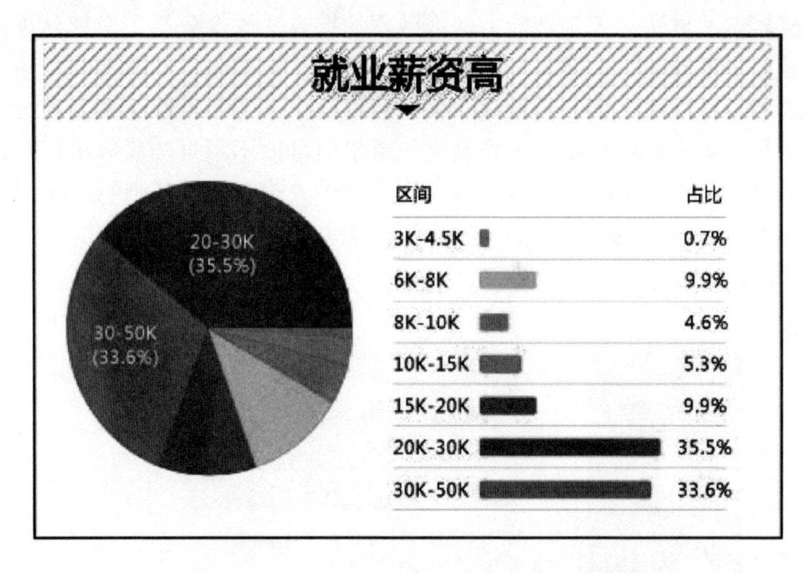

图 4-21　2017 年北京地区的大数据从业人员薪资图

思维及分析应用技术的高层次大数据人才。大数据专业需要学生掌握计算机理论和大数据处理技术，从大数据应用的三个主要层面分别是数据管理、系统开发、海量数据分析与挖掘。大数据专业的培养目标是使培养出的学生具有掌握大数据应用中的各种典型问题的解决办法，具有将领域知识与计算机技术和大数据技术融合、创新的能力，并且能够从事大数据研究和开发应用程序。与大数据相关的新兴人才如图 4-22 所示。

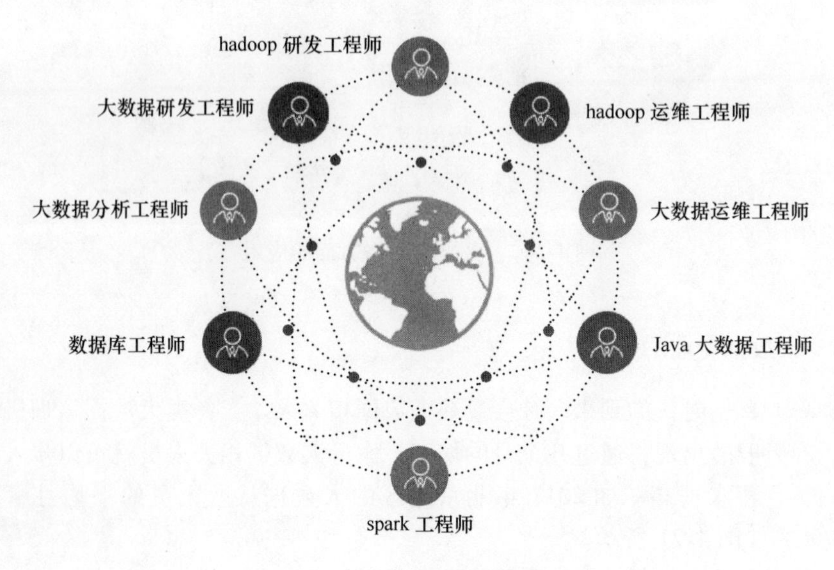

图 4-22　与大数据相关的新兴人才

4.3.3 大数据对现代教育产生的影响

大数据主要在以下四个方面对教育产生了影响。

（1）大数据改变教育研究中对数据价值的认识。大数据与传统数据相比较，他们最主要的区别是在信息采集的方式以及对数据的应用上。对教学相关信息的采集方式是，传统数据的采集方式面对的对象是学生的整体水平，并不是个人水平，无法准确表达每个学生的个性。大数据的信息采集，可以细化到每一个学生，可以逐个去关注每个学生的微观表现。如图4-23为某一学生的成绩。

各科目考试成绩统计表

考试科目	得分	分档	班级均分	年级均分
语文	85.0	B	71.6	66.99
体育	57.0	A	46.65	45.93
数学	110.0	A	75.89	68.1
英语	109.0	A	76.09	67.1
政治	86.0	B	67.91	66.58
历史	97.0	A	74.32	61.67
地理	95.0	A	73.06	61.67
物理	93.0	A	70.81	67.57
生物	97.0	A	80.47	76.19

图4-23 某学生的成绩单

（2）大数据方便授课教师更全面了解每一个学生。由于大数据的信息采集可以细化到每一个学生，因此教师通过大数据，可以获得授课班级中每一个学生的真实信息。比如，教师在做试卷分析时，教师可以把考试中的错误对比分析情况，这样可以有利于开展个性化教育。

（3）大数据帮助学生进行个性化高效率学习。在大数据时代，学生可以通过“大数据”，了解自己的学习情况，针对自己的现状，开展自主学习，提高学习效率。在大数据的环境下，教育领域的改革不断进行着。大数据帮助我们以全新的视角判断事物的可行性和利弊性，详尽地展现了在传统教学方式下无法察觉到的深层次学习状态，进而有条件为每个学生提供个性化教学服务。如学生通过各学期成绩对比，如图 4-24 所示，从中找出问题，有针对性地进行个性化学习。

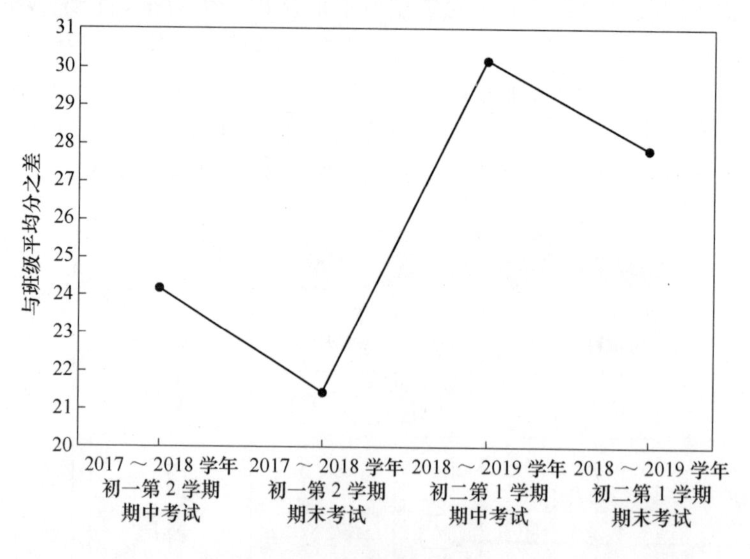

图 4-24　各学期成绩对比图

（4）大数据增强教师责任心，强化师德建设。在大数据平台下，学生可以随时对教师的授课情况进行评价和打分，教师的授课方式是否被学生接受，在整个平台下是透明的。因此，教师之间的竞争明显加强，教师为了能适应当前的教学，只有不断地提高自己的文化素养和教育素养，才能在现代的教学领域中具有竞争力。

4.3.4　大数据时代下的大学计算机基础教学改革

在大数据时代，我们的生活方式发生了很大的改变，计算机的技术日新月异，为了满足人们对计算机知识的需求，计算机基础教学无论是从教学内容还是教学方法上都应该进行相应的改变。

（1）传统大学计算机基础教学的核心和本质。目前，大学计算机基础的教学核心内容主要有两个方面，一是操作系统，二是办公软件。虽然，不同高校开设的大学计算机这门课程有些差别，但是本质和核心要点没变。那就是在教育纲要对本门课程的指导下，完成操作系统、办公软件这两大核心模块的教学工作。这个是整个大学计算机基础教学的核心内容。

（2）大数据背景下大学计算机基础教学肩负的使命。大学计算机基础课程虽然属于大学通识类课程，但是和传统的语文数学类基础课程有着许多实质性区别。随着计算机的发展及新的计算机技术的出现，大学计算机基础课程的授课内容也随着改变，不像数学有着数百年来不变的公理和公式，也不像语文一样古今名著经久不衰。大学计算机基础课程中的操作系统，从最初命令界面 DOS 系统到窗口界面的 Windows 95，再到目前大部分高校讲授的 Windows 7 和 Windows 10，是随着操作系统的发展而进行更新的。

4.4 人工智能的发展给计算机基础教学带来了冲击

人工智能在计算机领域内，得到了愈加广泛的重视，并在机器人、经济政治决策、控制系统、仿真系统中得到应用。

4.4.1 中国人工智能企业的发展情况

中国人工智能产业从 2014 年起开始兴起，2015 年是名副其实的人工智能创业年，涌现了相当一部分优秀的创业公司，2015 年和 2016 年新增数据分别为 150 家和 128 家，尽管近两年新增企业数量也有下滑，但从长期发展情况来看，该现状属于投资热潮下的短期波动，不影响长期趋势，如图 4-25 所示。

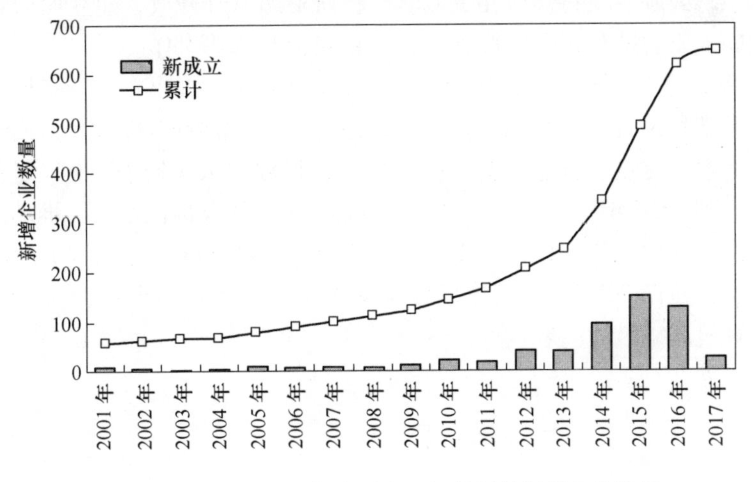

图 4-25 2001～2017 年中国人工智能领域新增企业数量

2015 年以来，人工智能在国内获得快速发展，国家相继出台了一系列政策支持人工智能的发展，推动中国人工智能步入新阶段。早在 2015 年 7 月，国务院发布《关于积极推进“互联网 +”行动的指导意见》，将“互联网 + 人工智能”列为其中 11 项重点行动之一；2016 年 3 月，“人工智能”一词写入国家“十三五”规划纲要；2016 年 5 月，《“互联网 +”人工智能 3 年行动实施方案》发布，提出到 2018 年的发展目标；2017 年 3 月，“人工智能”首次写入政府工作报告；2017 年 7 月，国务院正式印发《新一代人工智能发展规划》，战略确立了新一代人工智能发展三步走战略目标，人工智能的发展至此上升到国家战略层面；2017 年 10 月，人工智能写入十九大报告；2017 年 12 月，《促进新一代人工智能产业发展三年行动计划（2018～2020 年）》发布，作为对《新一代人工智能发展规划》的补充，从各个方面详细规划了人工智能在未来三年的重点发展方向和目标，每个方向到 2020 年的目标都做了非常细致的量化，足以看出国家对人工智能产业化的重视。

4.4.2 到 2020 年将人工智能纳入大学计算机基础教学内容

2018 年 4 月 10 日教育部网站发布关于印发《高等学校人工智能创新行动计划》的通知。《行动计划》提出，形成"人工智能 + X"复合专业培养新模式，到 2020 年建设 100 个"人工智能 + X"复合特色专业，建立 50 家人工智能学院、研究院或交叉研究中心。

（1）在中小学阶段引入人工智能普及教育。《行动计划》还对中小学、高校等多层次教育体系提出要求。在中小学阶段引入人工智能普及教育，不断优化完善专业学科建设，构建人工智能专业教育、职业教育和大学基础教育于一体的高校教育体系，鼓励、支持高校相关教学、科研资源对外开放，建立面向青少年和社会公众的人工智能科普公共服务平台，积极参与科普工作。

（2）专业建设方面。学科建设方面，《行动计划》提出，支持高校在计算机科学与技术学科设置人工智能学科方向，完善人工智能的学科体系，推动人工智能领域一级学科建设。推进"新工科"建设，形成"人工智能 + X"复合专业培养新模式，到 2020 年建设 100 个"人工智能 + X"复合特色专业，推动重要方向的教材和在线开放课程建设，到 2020 年编写 50 本具有国际一流水平的本科生和研究生教材、建设 50 门人工智能领域国家级精品在线开放课程，将人工智能纳入大学计算机基础教学内容。

5 总　结

20 世纪 40 年代，第一台计算机诞生，到现在已经历了近 70 年的发展，与计算机相关的产业得到了蓬勃发展。为了适应计算机的发展需求，除计算机专业外的非计算机专业也开设了计算机基础课程，且随着数据库、网络及人工智能等的发展，计算机基础教学也随着进行着改革，以适应社会及本专业的发展需要。

5.1　计算机相关领域的发展

（1）IT 的发展。IT 是信息技术行业的统称，IT 实际上有三个层次：第一层是硬件，主要指数据存储、处理和传输的主机和网络通信设备；第二层是指软件，包括可用来搜集、存储、检索、分析、应用、评估信息的各种软件；第三层是指应用，指搜集、存储、检索、分析、应用、评估使用各种信息，包括应用 ERP、CRM、SCM 等软件直接辅助决策，也包括利用其他决策分析模型或借助 DW/DM 等技术手段来进一步提高分析的质量，辅助决策者作决策。IT 产业的发展历程如图 5-1 所示。

（2）计算机的发展历程。计算机从诞生到目前，经历了电子管计算机、晶体管计算机、集成电路计算机、大规模超大规模集成电路计算机和第五代计算机的发展历程，如图 5-2 所示。

随着计算机的发展，计算机的性能逐渐完善，功能逐渐加强。

（3）数据库的发展。数据库是以一定方式储存在一起、能与多个用户共享，具有尽可能小的冗余度，与应用程序彼此独立的数据集合。数据库发展到现在，经历了层次数据库、网状数据库，关系数据库及面向对象数据库三个阶段，如图 5-3 所示。

随着数据库的发展，数据库的功能越来越强大。

（4）互联网的发展。互联网始于 1969 年美国的阿帕网。它是网络与网络之间所串连成的庞大网络，这些网络以一组通用的协议相连，形成逻辑上的单一巨大国际网络。通常 internet 泛指互联网，而 Internet 则特指因特网。这种将计算机网络互相联接在一起的方法可称作“网络互联”，在这基础上发展出覆盖全世界

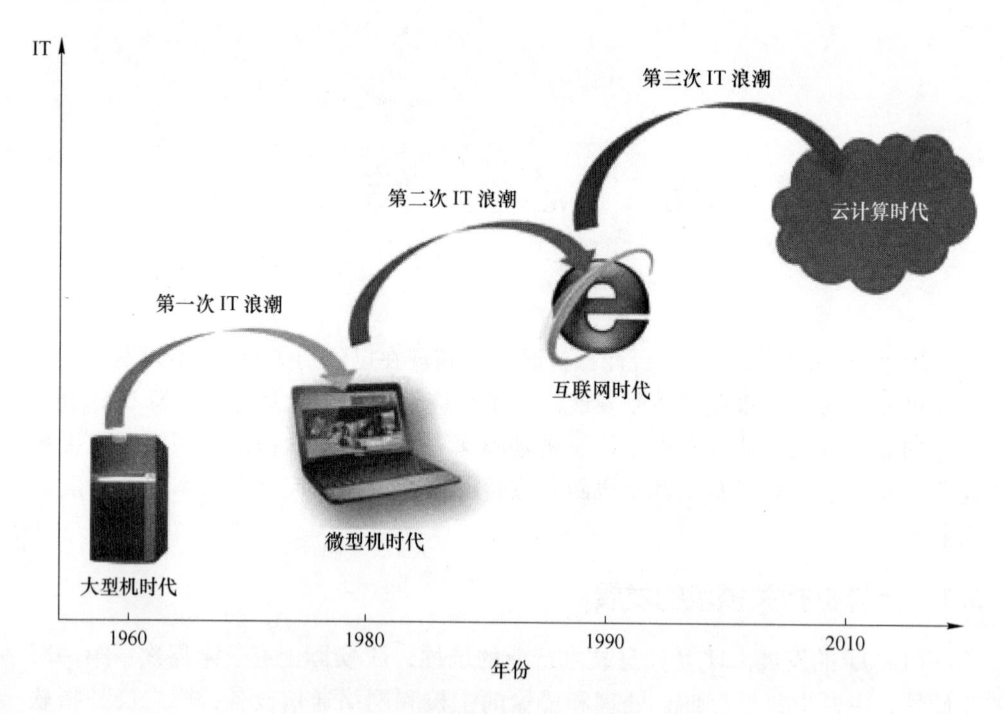

图 5-1 IT 产业的发展历程

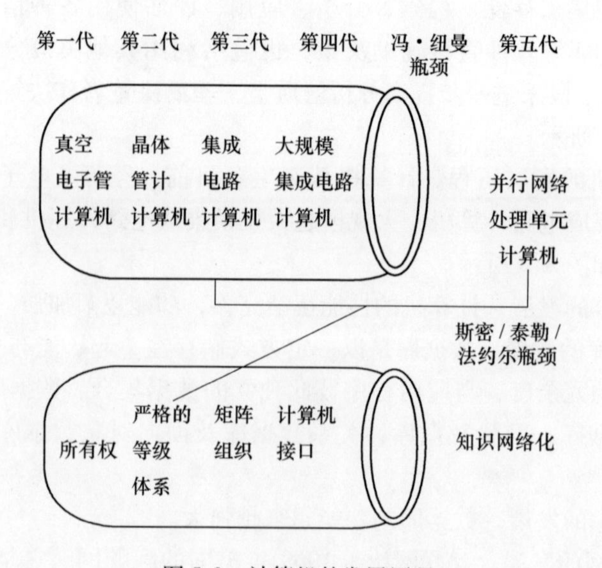

图 5-2 计算机的发展历程

的全球性互联网络称为互联网，即是互相连接一起的网络结构。互联网的发展如图 5-4 所示。

[23] 冷淑宏. 浅谈计算机在我国的普及教育 [J]. 才智, 2011 (14): 162.
[24] 孙晓春. 高职教育《计算机专业》教学改革体会 [J]. 今日科苑, 2007.
[25] 段文书, 陈美莲, 王节. 基于计算思维能力培养的高校计算机课程建设 [J]. 教育教学论坛, 2013 (39): 167~168.
[26] 王雷. 小谈计算机教育 [J]. 剑南文学 (经典教苑), 2012 (3): 307.
[27] 穆庆华. 突出实用性改革高职计算机教学 [J]. 林区教学, 2009 (12): 100~101.
[28] 谢廷平. 师范生信息素养培养论 [J]. 理论界, 2005 (11): 129~130.
[29] 杜丽. 计算思维引导的高校计算机基础教学实践研究 [J]. 电脑迷, 2018 (12): 89.
[30] 苏小红, 车万翔, 王甜甜, 等. 如何在程序设计课程中培养计算思维能力 [J]. 工业和信息化教育, 2013 (6): 32~36.
[31] 刘容, 杜小丹, 李丹. 计算机基础"五位一体"教学模式探索 [J]. 计算机教育, 2011 (5): 79~82.
[32] 高海波, 曾文娟, 冯艳, 等. 分类分层与模块化教学的计算机课程体系构建与实践 [J]. 计算机时代, 2018 (12): 87~90.
[33] 郝丽丽, 刘霞, 祝艳茹. 云计算技术在高校计算机基础教学中的应用分析 [J]. 南方农机, 2018, 49 (21): 166~167.
[34] 新疆 2014 年 9 月全国计算机等级考试报名通知. 未来教育. 2015-04-09.
[35] 全国计算机等级考试网站. 2017, http: //www. ncre. cn/.
[36] 全国计算机等级考试考试大纲. 2016, http: //www. ncre. cn/ .
[37] 关于全国计算机等级考试体系调整的重要通知. 2017, http: //www. 233. com/ncre/baokao/201710/18082533017. html.